KB202246

동경식당

Tokyo Eatrip

섬토주스 그림

Tokyo Eatrip

동경식당

맛있는 풍경 속
나홀로 도쿄 여행

BCUT

여 . 행 . 을 . 찍 . 다

그곳의 맛
혹은
그리움

언제부터인가 여행은 우리 일상에서 상당한 지분을 차지하게 되었다.
그만큼 자주, 쉽게 떠나고, 돌아와서도 또 떠나기를 꿈꾼다.
"어떤 여행을 좋아하세요?"라는 질문은
"어떤 음식을 좋아하세요?"라는 질문만큼이나 일상적이다.
여행에 대한 관심이 커진 만큼 답도 다양하다.
혼자 가는 여행을 즐기는 사람이 있는가 하면,
친구나 가족과 함께 떠나고 싶어 하는 사람도 있다.
이렇다 할 계획 없이 무작정 떠나는 유형이 있다면
촘촘한 계획 없이는 시작조차 어려운 사람도 있다.

내 여행 스타일을 정의하자면 이른바 '도시 여행자'에 가깝다.
여러 곳을 여행하면서 대자연에서 휴양을 즐기는 것도 좋지만,
도시가 고향인 나라는 사람은 도시에 가야 마음이 편안해진다는 사실을
많은 여행에서 자연스레 깨달았다.
무엇보다 도시 여행의 매력은 '기록'에 있다.
나에게 여행이란 마냥 아름답고 멋진 것들을 감상하기보다는
매일매일 변해가는 장면들을 남기는 것이다.
무언가를 그리고 찍는 행위만으로도 그 여행은 행복해진다.
처음에는 다른 사람들이 찍는 것들을 찍었고 유명한 곳들을 그렸는데,
이제는 어떤 순간과 장면들이 나에게 더 의미 있는지를 먼저 생각한다.
그러다 보니 어느 순간부터 찍고 싶은 것들을 찍고,
그리고 싶은 것들을 그리고 있었다.
그럴수록 여행이 더욱더 즐거워지는 건 당연하다!
그 과정에서 해당 도시의 매력을 한층 깊게 들여다보게 되었다.
여러 도시의 이곳저곳을 그림과 사진으로 남기는
'시티트레킹CITYTREKKING' 작업은 그러한 마음의 결과물이다.

도쿄는 내 발길이 닿은 곳 중에서도 가장 매력적인 도시 가운데 하나다.
서울과 비슷하다고들 하지만 조금만 더 천천히, 그리고 자세히 들여다볼수록
미묘하게 다른 매력이 많다. 그런 것들을 찾아내어 기록하는 재미가 있다.
이 책은 '음식'을 주제로 도쿄의 매력을 들여다본다.
'동경식당'이라는 제목은 도쿄의 맛집을 뜻하기도 하지만,
마음으로 그리워하는 어딘가이기도 하다.
도쿄를 여행하면서 기억에 남는 맛집, 상황에 맞게 추천하고 싶은 곳들,
드라마 속 가게들, 맛집 가다 만난 풍경 등을 그림과 사진으로 담았다.
기록은 내 방식대로 했지만 여행하는 방식이 각자 다른 것처럼,
책을 즐기는 방식도 읽는 분들에 따라 다를 것이다.
사진만 보아도 좋고, 그림만 즐겨도 좋고,
정보만 메모해두어도 상관없을 것 같다.
그저 한 권의 책과 함께 여행하는 기분으로 가볍게 읽어주시길.

설동주

contents

여행 중 커피를 마시러 들어간 카페에서
자동적으로 카메라를 꺼냈다.
창밖으로 보이는 공원도
벽에 걸린 액자도
카페 안의 소품도
완벽하게 어울렸다.

찍으면 멋있겠는데,
하며 카메라를 드는데
아래의 글귀가 눈에 들어왔다.

"I'd rather enjoy a cup of coffee
than taking photo."

필름 사진을 찍으면서부터 "이걸 왜 찍었지?"라는 생각을 하지 않는다.
모든 컷에 좋았던 것들이 들어 있다.
계속 찍다 보니 내가 좋아하는 피사체들을 알게 된다.
여행도 마찬가지다.
언젠가부터 "이번에는 어디가 좋았지?"라고 묻지 않는다.
그냥 그 순간을 즐길 줄 아는 것이다.

이번 여행에서도 우연한 즐거움을 남기고 싶다.

"그때 먹었던 그 요리, 정말 맛있었는데…"
때로는 근사한 풍경보다 불현듯 떠오른
맛의 추억이 우리를 여행으로 이끈다.
공항에 내리자마자 저절로 향하게 되는 곳,
도쿄에는 유독 여행자를 들뜨게 하는 맛집이 많다.
이렇다 할 계획 없이 떠나온 게으른 여행자라도,
맛있는 한 끼를 든든하게 먹고 나면
'자, 이제 어디로 가볼까?' 하며
그날의 행선지를 정한다.
혼자 하는 여행에 기운을 더하고 싶을 때,
나만의 속도로 여행을 즐기고 싶을 때,
처음으로 둘이 함께한
여행의 어색함을 덜어내고 싶을 때
가장 먼저 가기 좋은 곳이 여행지의 맛집 아닐까.

한 그릇의
추억을
저장하다

고기에 튀김옷을 입히는 사람,
돈가스를 튀겨내는 사람,
양배추 샐러드를 담는 사람,
밥과 국을 푸는 사람,
돈가스를 먹기 좋게 써는 사람,
자리를 정해주는 사람,
손님들과 시선을 맞추는 사람.
하나같이 부지런히 손을 움직이지만 얼굴에 조바심은 없다.
묵묵히 일하면서도 옆의 동료와 눈을 맞추고 손님을 바라본다.

돈키에 오면
줄 서서 기다리는 손님,
음식을 시켜놓고 기다리는 손님,
맛을 음미하는 손님 모두,
특별할 것 없는 음식 돈가스가 명품으로 태어나는
흥미진진한 과정에 빠져든다.
한 명의 숙달된 요리사가 완성하는 음식도 맛있지만
여러 명의 장인들이 함께 만들어내는
돈가스 한 접시를 비우노라면,
오랫동안 손발을 맞춰온
오케스트라가 완성한 맛의 연주에 감탄하게 된다.

돈가츠 돈키 とんかつ とんき

"꼭 추천해주고 싶은 도쿄의 맛집이 있느냐"는 질문에 지인들로부터 가장 많은 추천을 받은 가게. JR메구로역에서 3~4분 걸어가면 흰색 바탕에 까만 글씨로 'とんかつ とんき'라고 쓰인 간판이 눈에 들어온다. 돈가스라는 메뉴보다 1939년에 시작했다는 역사가 먼저 실감되는 외관이다.

돈키를 처음 찾은 사람이라면 으레 세 번은 놀란다. 첫 번째는 영화 세트장 같은 분위기다. 돈키는 총 2층인데, 1층은 전체가 바BAR 형태의 테이블로 되어 있어 요리하는 모습을 바로 앞에서 볼 수 있다. 자연히 1층에 앉기 위해 기다리는 여행객이 많은데도 어수선하기는커녕 묘한 엄숙함마저 느껴진다. 심지어 음악도 틀지 않는다. 다음으로는 백발 할아버지의 지휘(?) 아래 묵묵히 자기 일에 열중하는 돈가스 장인들의 모습에 압도당한다. 척 봐도 호흡이 완벽한 장인들을 찍기 위해 좋은 자리가 날 때까지 기다리는 손님이 있을 정도다. 마지막으로, 얇고 바삭한 튀김옷과 두툼하고 담백한 고기, 고기를 듬뿍 넣은 된장국을 맛보는 순간, 다시 오고 싶은 여행자의 맛집으로 남는다.

도쿄 메구로구 시모메구로 1-1-2東京都目黒区下目黒1丁目1-2
OPEN 16:00-22:45
DAY OFF 화요일

첫 번째, 여행자의 맛집

AFURI
RAMEN

점심을 훌쩍 넘긴 오후나 늦은 저녁에도 찾을 수 있는 여행자의 맛집.

아후리 에비스 AFURI 惠比寿

스스로를 'FINE RAMEN'이라 칭하는 아후리. 가나가와 현의 아후리阿夫利 산기슭에서 샘솟는 천연수로 수프를 만들기 때문에 AFURI라는 이름을 붙였다고. 일반적으로 일본 라멘이 진한 국물인 것과 달리 담백하고 깔끔한 맛이 특징이다. 유자를 베이스로 한 유자 시오라멘과 유자 소유라멘이 인기 메뉴이지만, 유자 향이 나는 간장 소스에 면을 찍어먹는 츠케멘도 꽤 사랑받는 메뉴. 에비스, 나카메구로, 하라주쿠 등 도쿄의 핫플레이스에만 총 8개의 매장이 있으며, 해외에서는 포틀랜드에 2개 지점을 운영 중이다. 무엇보다 느끼한 라멘을 싫어하는 이들이라면 후회 없을 선택.

도쿄 시부야구 에비스 1-1-7 117빌딩東京都渋谷区恵比寿1丁目1-7 117ビル1F
OPEN 11:00-5:00(지점마다 영업시간이 다르니 확인해볼 것)

돈가스 맛집,
마이센 まいせん

돈키가 현지인과 여행자 모두에게 사랑받는 맛집이라면, 마이센은 여행자들에게 좀 더 알려진 돈가스 맛집. 돼지의 종류와 부위별로 금액이 다르고, 그에 따라 흑돈 소스, 달콤한 소스, 매콤한 소스를 갖춘 것이 특징이다. 두툼한 고기에 튀김옷을 제대로 입혀 만든 정통 돈가스가 살짝 부담스러울 수 있지만, 마이센만의 특제 소스가 느끼함을 잡아준다. 가격은 높은 편이나 이왕이면 고소하고 부드러운 흑돼지 돈가스 정식을 먹어보길 권한다. 도쿄에 여러 지점이 있지만 과거 목욕탕 건물을 개조한 아오야마 본점에서 먹는 재미가 가장 크다.

> 돈가츠 마이센 아오야마 본점 とんかつまい泉 靑山本店
> 도쿄 시부야구 진구마에 4-8-5東京都渋谷区神宮前4丁目8-5
> OPEN 11:00-22:00

오코노미야키 맛집,
이마리 いまり

밀가루 반죽에 고기와 야채 등을 넣고 철판에서 굽는 오코노미야키는 오사카와 히로시마가 원조를 다투는 음식이다. 이마리는 히로시마에서 오코노미야키를 만드는 어머니의 가르침을 받아 도쿄에 가게를 내게 되었다고 한다. 오코노미야키뿐 아니라 각종 철판요리와 샐러드까지 맛볼 수 있는 가게로, 어떤 메뉴를 먹어도 평균 이상이다. 무엇을 시킬지 고민스러울 경우에는 2500엔짜리 코스를 주문하는 것도 방법. 몇 곳의 지점이 있지만 L자 형태의 카운터 석으로 되어 있는 도쿄 본점에 가보길 추천한다. 10명 남짓만 들어갈 수 있는 작은 공간으로 눈앞에서 요리하는 모습을 볼 수 있다.

> 이마리 도쿄 본점
> 도쿄 시부야구 에비스 4-27-8東京都渋谷区恵比寿4丁目27-8
> OPEN 18:00-01:00(주말은 17:00부터)

소바 맛집,
칸다 마츠야 神田 まつや

1884년에 문을 연 현지인들도 인정하는 소바집으로, 바로 근처에 있는 칸다 야부소바와 노포의 양대산맥을 이루는 가게. 부담 없이 들어갈 수 있는 60석 규모로 수타 면발을 만드는 모습을 직접 볼 수 있다. 언제나 붐비지만 오후 3~5시가 그나마 한가한 시간으로, 가장 기본인 모리소바와 고마소바, 텐푸라 소바를 추천한다. 소바를 다 먹은 후에는 소바를 삶은 소바유를 남은 쯔유에 부어 마셔서 마무리한다.

도쿄 치요다구 칸다스다초 1-13 東京都千代田区神田須田町1丁目13
OPEN 11:00-20:00(토요일과 공휴일은 19:00까지)
DAY OFF 일요일

오므라이스 맛집,
긴자 킷사유 喫茶 you

음식점이라기보다는 클래식한 복고풍 카페를 떠올리게 하는 가게. 런치세트를 시키면 메뉴에 음료 하나를 추가할 수 있으며, 대표 메뉴인 오므라이스 외에 나폴리탄 스파게티, 계란 샌드위치 등도 인기다. 버터와 케첩으로 볶은 밥에 부드러운 푸딩 같은 달걀을 얹은 오므라이스는 중독성이 강한 맛으로, 느끼함을 잡아주는 나폴리탄 스파게티와 궁합이 맞는다. 바로 옆에 가부키자가 있으니 오므라이스를 먹는 김에 공연을 보는 것도 추천코스. 브레이크 타임이 없는 것도 여행자의 맛집으로 적격이다.

도쿄 주오구 긴자 4-13-17 다카노 빌딩 東京都中央区銀座4丁目13-17 高野ビル
OPEN 11:00-21:00

첫 번째. 여행자의 맛집

작은 동네의 골목길을 따라가면 나오는
단정한 얼굴의 가게, 대를 이어 내려오는 노포,
드라마 〈심야식당〉을 닮은 작은 가게들…
도쿄 하면 떠오르는 맛집의 이미지다.
그러나 도쿄에 이러한 가게들만 있는 것은 아니다.
도쿄는 곳곳에 랜드마크가 많은 도시다.
새로 생긴 도심의 고층빌딩과
핫플레이스의 쇼핑몰을 돌아보는 것만으로도
여행자의 하루는 훌쩍 흘러간다.
다채로운 공간의 카페와
레스토랑을 다니다 보면 어느덧
'가봐야 할 맛집 리스트'가 완성된다.

도심
속
맛집을
찾아서

도쿄미드타운히비야
東京ミッドタウン日比谷

히비야 역과 이어지는 긴자의 새로운 랜드마크
www.instagram.com/tokyomidtownhibiya
다른 쇼핑몰보다 레스토랑이 많은 것이 특징. 6층의 옥상정원에서 히비야
공원과 황궁이 내려다보인다. 야경보다는 낮에 올라가 커피 한 잔과 함께
여유 있게 광합성을 즐겨보시길.

| 도쿄 치요다구 유라쿠초 1-1-2東京都千代田区有楽町1丁目1-2

SANBUN
TOKYO MIDTOWN HIBIYA

선
술
집
,
산
분
立呑

서서 마시는 선술집이라는 뜻의 다치노미야, 산분. 2016년과 2017년 미슐
랭 도쿄에서 빕 구르망을 획득할 정도로 요리 실력을 인정받은 곳이다. 히
가시긴자에서 인기를 얻어 히비야 미드타운으로 이전했고, 바로 옆에는 앉
아서 즐길 수 있는 본격 요리집 '산분테이'가 있다. 츠키지 시장에서 사들이
는 싱싱한 생선요리가 일품이며, 15종류가 넘는 사케는 잔으로도 판매한다.
가볍게 즐길 수 있는 컨셉이지만, 음식도 그릇도 직원의 응대도 프리미엄급
으로 느껴지는 스탠딩 사케 바.

도쿄 미드타운 히비야 3층
OPEN 15:00-23:00(주말은 12:00부터)

브런치 맛집, 부베트 Buvette

뉴욕과 파리에 이어 도쿄에 생긴 브런치 카페 부베트. 부베트 로고 아래 새겨진 개스트로티크Gastrotheque는 '아침부터 밤까지 먹고 마시며 즐길 수 있는 장소와 환경'을 의미한다. 실제 도쿄에는 아침 일찍 문을 여는 카페가 많지 않은데, 아침부터 저녁까지 올데이 브런치를 즐길 수 있는 드문 곳이다. 착즙주스와 부드러운 크로와상이 간단한 아침 메뉴로 적당하다. 날씨가 좋은 날에는 테라스에 앉아 히비야역을 오가는 사람들을 구경하는 것도 작은 재미.

도쿄 미드타운 히비야 1층
OPEN 08:00-23:30 (주말은 09:00부터)

두 번째, 활기찬 핫플레이스 탐험

히비야 미드타운은 서점 유린토와
크리에이티브 디렉터 다카유키 미나미가 프로듀스한 공간이다.
세상 곳곳에서 수집한 시장, 골목, 거리에 대한 기억들을
표현한 작은 점포들이 많다.

시골에서나 마주칠 법한 미용실.
자세한 내용이 궁금하다면 인스타그램 hibiya_central_market을 팔로해보아도 좋다.

낮에는 식당, 밤에는 술집이 되는 지방 소도시의 장터 같은 친근한 공간.

히비야 센트럴 마켓

HIBIYA CENTRAL MARKET

도쿄 미드타운 히비야의 3층에 있는 센트럴 마켓. 물건 파는 사람과 사는 사람이 만나는 시장을 작은 거리처럼 재현한 새로운 컨셉의 공간이다. 식사와 술을 파는 매장, 책을 파는 서점, 옷가게, 이발소 등에서는 과거에 대한 향수가 절로 느껴진다. 108년 역사의 서점 유린토, 스페셜티 커피숍 'AND COFFEE ROASTERS' 등 멋스러운 매장을 돌고 있으면, 카메라를 들고 다니는 이들을 심심찮게 볼 수 있다.

도쿄 미드타운 히비야 3층
OPEN 11:00-21:00(식사공간은 23:00까지)

왼 캐주얼한 이탈리아 레스토랑, Petalo
위 10종류가 넘는 햄과 살라미는 먹어도 먹어도 질리지 않는 별미다.

시부야 스트림
Shibuya Stream

시부야역 남쪽에 새롭게 들어선 35층 건물로 호텔, 레스토랑, 문화공간 등
을 갖추고 있다. 서울의 청계천처럼 건물 앞 '시부야 강'을 중심으로 카페와
음식점들이 들어설 예정이라고. 시부야에서 다이칸야마까지 이어지는 코스
의 시작점으로 1~3층까지 스타일리시한 맛집들이 입점해 있다.

도쿄 시부야구 시부야 3-21-3東京都渋谷区渋谷3丁目21-3
OPEN 11:00-01:00(토요일은 21:00까지)

두 번째, 활기찬 핫플레이스 탐험

여기도 가보면 좋아요!
recommend

시부야 dd식당
d47食堂

나가오카 겐메이의 디앤디파트먼트에서 운영하는 식당. 시부야 쇼핑몰 히
카리에 8층에 있어 창가에 앉으면 멋진 뷰를 즐길 수 있다. 일본 47개 현
을 대표하는 식재료와 음식으로 만든 일본 가정식 메뉴를 판매한다. 메뉴
는 매달 바뀌며, 중간에 디저트 타임이 있다.

도쿄 시부야구 2-21-1 히카리에 8층東京都渋谷区渋谷2丁目21-1-8F ヒカリエ
OPEN 11:30-22:30

긴자식스의 명소,
긴자 대식당 銀座大食堂 Ginza Grand

긴자의 새로운 랜드마크 긴자식스 6층에 자리한 330평
규모의 홀. 일본 각지의 음식을 판매하는 점포들과 도쿄
의 트렌디한 식문화를 접목시킨 고급 푸드코트 같은 느
낌이다. 쇼핑하러 간 김에 별다른 고민 없이 먹을 수 있는
곳으로 추천.

도쿄 주오구 긴자 6-10-1 긴자식스 6층東京都中央区銀座6丁目10-1 GINZA SIX 6F
OPEN 11:00-23:00

아이비플레이스
IVY PLACE

IVY PLACE

다이칸야마 티사이트 정원에 위치한 레스토랑으로 내부는 카페와 테라스, 식사 공간, 바 등의 다채로운 공간으로 나뉜다. 다이칸야마 츠타야에 방문할 예정이라면 무조건 추천. 레스토랑 안에서 바라보는 바깥 풍경도 아름답고, 먹고 난 후에 산책이나 쇼핑을 하기에도 좋다. 겹겹이 쌓인 비주얼 100점의 팬케이크를 추천한다.

도쿄 시부야구 사루가쿠초 16-15 다이칸야마 티사이트東京都渋谷区猿楽町16-15
OPEN 07:00-23:00

도쿄의 랜드마크,
스카이트리 東京スカイツリー

일본에서 가장 높은 건물로 최고의 전망대를 갖춘 곳. 유료인 스카이트리 전망대에 흥미가 없다면 바로 옆 대형 쇼핑몰 소라마치에서 스카이트리도 보고 쇼핑도 하고 맛집도 가길 추천한다. 도쿄의 인기 맛집과 디저트 가게, 고급 레스토랑까지 다양한 맛집을 고를 수 있다. 멋진 전망이나 야경을 즐기고 싶다면 고층의 식당가를 방문해보자.

도쿄 스미다구 오시아게 1-1-2東京都墨田区押上1丁目1-2
OPEN 08:00-2200

TOKYO
SKY TREE

세 번째. 주인공이 있는 맛집

맛집을 찾아가는 길은 그 자체로 신나는 여행이 된다.
맛있는 음식을 먹는 즐거움도 크지만,
그곳에 가면서 느끼는 설렘, 찾아가는 동안 남기는 잠깐의 기록,
무엇을 먹을까 하는 사소한 고민,
이 모든 것이 더해져 여행이라는 총체적인 기억을 이룬다.
이때 유명 맛집도 우연히 발견한 맛집도 좋지만
'스토리'가 있는 맛집은 여행에 색다른 재미를 더한다.
이야기 속 주인공이 되어볼 수 있기 때문이다.
〈고독한 미식가〉의 고로상이 되어 혼밥을 즐기는 것,
〈세일즈맨 칸타로의 달콤한 비밀〉에 소개된 디저트를 탐험하는 것,
이 모두가 여행을 한층 더 풍성하게 만든다.

스토리가 있는
그곳을 따라서

우구이스다니역

시골집 기와 같은 지붕이 인상적인 작은 역.
'꾀꼬리계곡(우구이스다니鶯谷)'이라는 이름 때문인지 역에 내리면
도쿄가 아닌 한적한 소도시 마을에 온 느낌이다.
햇살과 시간이 충분하다면 차분히 앉아서
지나가는 전차와 역을 그리고 싶은 곳.
역의 고즈넉한 분위기와 달리
우에노 공원 쪽으로 걸어가면 절과 묘지가 나오고,
아랫쪽으로 내려가면 작은 술집이 즐비한
번화가가 나오는 흥미로운 동네.

TORITSUBAKI
UGUISUDANI

토리츠바키 烏椿

고독한 미식가의 이자카야

우구이스다니역에 내려 기찻길을 바라보며 10분 정도 걸어 내려가면 어렵지 않게 찾을 수 있다. 작은 술집과 식당들이 모인 골목에 있는 소박한 가게다. 술집으로는 드물게 오전 10시부터 열기 때문에 낮부터 술을 즐기고 싶은 사람들이 많이 찾는 편이다. 가게 안에는 드라마에서 고독한 미식가 고로상이 먹은 메뉴가 붙어 있어 주문하기 편하다. 술안주로 적당한 메뉴가 대부분이지만, 술 없이 식사 대용으로도 충분하다. 안주와 함께 시원한 맥주를 마시며 여행의 피로를 달래다 보면 "누구에게도 방해받지 않고 먹고 싶은 음식을 먹는 것, 이것이야말로 현대인들에게 평등하게 주어진 최고의 치유 행위다"라는 고독한 미식가 고로상의 오프닝 멘트를 떠올리게 된다.

도쿄 다이토구 네기시 1-1-15東京都台東区根岸1丁目1-15
OPEN 10:00-22:00
DAY OFF 월요일

경이로운 두께의 햄카츠와
튤립 모양의 닭튀김, 튤립 가라아게
두꺼운 햄에 튀김옷을 입혀
튀긴 음식으로 겨자 소스나
돈가스 소스를 찍어 먹으면
술안주로 최고다.
튤립 가라아게는 드라마에서
고로상 옆에 앉은 사람이 먹은 메뉴로
닭을 좋아하는 분들이라면 무조건 추천.

아보카도 멘치카츠
멘치카츠는 '민스 커틀렛minced cutlet'의
일본식 표현으로
다진 고기를 튀겨낸 음식.
아보카도 멘치카츠는 아보카도 안에
다진 고기를 채워 통째로 튀긴 메뉴로
비주얼만 봐도 군침이 돈다.
튀김음식인 만큼 속이 뜨거우니
먹을 때 조심할 것.

토리나베메시(닭전골밥)
닭고기로 만든 스키야키 풍의 요리.
미니덮밥 사이즈로 닭고기와
뜨거운 흰쌀밥 위에
날달걀을 부어 먹으면
완벽한 한 끼 식사가 된다.

세 번째. 주인공이 있는 맛집

드라마 〈세일즈맨 칸타로의 달콤한 비밀〉에 등장한 가게. 칸타로는 디저트를 마음껏 즐기고 싶어서 프로그래머에서 출판사 영업사원으로 직업을 바꾼 샐러리맨이다. 영업사원의 특성상 외근을 하면 평일에도 좋아하는 디저트를 마음껏 즐길 수 있기 때문. 디저트 리뷰 블로거로도 활동하는 칸타로는 디저트에 대한 단순한 애정뿐 아니라 왜 먹어야 하는지, 어떻게 먹어야 맛있는지 설파하는 전문가로서의 면모도 과시한다. 드라마를 보다 보면 '칸타로 디저트 투어'를 떠나고 싶어지는 것이 당연하다.

아마미도코로 하츠네는 1837년에 문을 연 노포로, 일본식 전통 디저트인 안미츠를 파는 가게다. 안미츠는 얼핏 팥빙수와 비슷해 보이지만 팥과 떡, 붉은 콩, 과일 등의 재료가 어우러져 색다른 맛을 낸다. 흑설탕과 백설탕 시럽 중 무엇을 택하느냐도 관건인데, 흑설탕이 좀 더 기분 좋은 단맛을 선사하는 듯하다. 문을 열고 들어가면 적당히 일본스러운 분위기가 마치 드라마 세트장처럼 느껴진다. 메뉴는 일본어로 되어 있지만 주인 아주머니에게 무엇을 시켜야 하는지 물어보면 대표메뉴를 추천해준다. 세일즈맨 칸타로 디저트 순례의 시작으로 권하고 싶은 맛집.

도쿄 주오구 니혼바시 닌교초 1-15-6東京都中央区日本橋人形町1丁目15-6
OPEN 11:00-20:00(일요일은 18:00까지)

역시 시라타마(하얀 일본떡)와
흑설탕 시럽의 궁합을 뽐내는 안미츠가 가장 기억에 남는다.
무얼 시켜도 평균 이상의 맛을 기대할 수 있는 곳.

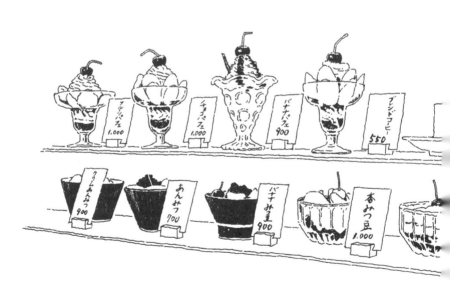

세 번째, 주인공이 있는 맛집

즉석에서 뽑은 밤 크림으로 만든 몽블랑은
이제껏 먹은 몽블랑과는
한 차원 다른 고소함과 부드러움을 느끼게 한다.

와
구
리
야

和栗や, Waguriya

"가능하다면 일에서 탈출해 달콤함을 느끼고 싶어." 과중한 업무 스트레스에서 벗어나기 위해 칸타로가 들어간 디저트 가게.
밤을 활용한 일본식 디저트를 파는 곳이다. 드라마에서 칸타로는 일본의 밤 희소품종인 히토마루로 만든 프리미엄 몽블랑을 주문한다. 한적한 닛포리의 고양이 마을(야나카긴자)과 200미터 정도 되는 시장의 맛집들을 즐긴 후에 들르는 코스로도 추천. 아무래도 디저트 타임에는 기다리는 줄이 긴 편이니 시간을 고려하고 움직이는 것이 좋다.

도쿄 다이토구 야나카 3-9-14, 야나카긴자 상점가 東京都台東区谷中3丁目9-14 谷中銀座商店街内
OPEN 11:00-18:00

57　　　　　　　　　　　세 번째, 주인공이 있는 맛집

약선수프카레,
샤니아
Yakuzen Soup Curry SHANIA

"이런 곳에 카레 집이 있다고?"라는 말이 절로 나올 만큼 주택가에 꽁꽁 숨어 있는 작은 음식점. 역에서 다소 떨어져 있어 찾아가기 조금 어렵지만 먹고 나면 뿌듯함을 느낄 것이다. 점심에는 가게 앞에서 번호표를 뽑아 대기한 후 순서대로 들어가는 시스템이고 저녁에는 온라인 예약이 가능하다. 흔히 먹는 일본식 카레가 아닌 국물이 많은 '수프 카레'인데 총 5단계를 거쳐 주문을 완료할 수 있다.
1단계 주메뉴 재료 고르기, 2단계 수프 고르기, 3단계 매운 정도 고르기, 4단계 토핑 고르기, 마지막으로 밥의 양과 종류까지 고르고 나면 끝. 향신료의 맛이 살짝 거슬릴 수는 있으나 야채를 아낌없이 넣은 덕분에 자극적으로 느껴지지는 않는다. 포크를 주지 않는 이유는 카레 속 닭고기가 너무 부드러워 먹을 때 포크가 굳이 필요 없기 때문인 듯하다. 고독한 미식가 맛집이 아니어도 카레를 좋아하는 분들이라면 무조건 가야 할 곳.

도쿄 메구로구 미타 1-5-5 東京都目黒区三田1丁目5-5
OPEN 11:00-15:30 / 18:00-22:00
DAY OFF 일, 월요일

수프 카레 먹는 법 강좌!

스푼만으로도
먹을 수 있어요!

밥에 수프를 끼얹어서
먹습니다.

밥과 수프,
건더기를 번갈아가며
먹습니다.

남은 밥을
수프 카레에 넣어서
먹습니다.

사이드 메뉴를
먹을 때는
젓가락이 필요해요!

세 번째. 주인공이 있는 맛집

카 페 덴

喫茶デン

우구이스다니에 위치한 고독한 미식가 고로상의 또 다른 맛집. 편안한 동네 찻집 같은 분위기의 작은 카페다. 두툼한 식빵에 그라탕 화이트 소스를 채워서 구워낸 그라팡과 프렌치 토스트가 인기 메뉴다. 그라팡은 혼자 먹긴 다소 양이 많으므로 둘이 나눠 먹는 것을 추천한다. 평일 오전에 방문하면 비교적 한가한 편이라고.

도쿄 다이토구 네기시 3-3-18, 메종 네기시우구이스다니 東京都台東区根岸3丁目3-18 メゾン根岸鶯谷
OPEN 09:00-19:00

코오리야 피스

氷屋ぴぃす

도쿄의 번화가와는 거리가 있지만 아기자기한 가게들과 지브리 미술관, 이노카시라 공원 등의 볼거리로 여행자들에게 인기가 많은 동네 기치조지. 물론 디저트를 사랑하는 세일즈맨 칸타로는 조금 다른 이유로 기치조지를 찾았다. 37도를 넘나드는 무더운 여름날, 칸타로는 빙수를 더 맛있게 먹기 위해 양복 안에 히트텍까지 입은 채 빙수집을 찾는다. 멜론 빙수를 먹으면서 얼굴이 멜론으로 변해가는 칸타로를 떠올리게 되는 맛집이다.

도쿄 무사시노시 기치조지 미나미초 1-0-9 기치조지 지조빌딩 東京都武蔵野市吉祥寺南町1丁目9-9 吉
祥寺じぞうビル
OPEN 09:00-17:00

카야시마

カヤシマ

세일즈맨 칸타로의 멜론 빙수를 먹기 위해 기치조지에 간 김에 고로상의 맛집에도 들러보면 어떨까? 고독한 미식가 고로상이 찾는 가게들은 아무래도 번화가에서 벗어난 동네의 작은 식당들이다. 카페 겸 식당인 카야시마에서도 시골의 오래된 경양식집 분위기가 느껴진다. 드라마에 나온 메뉴도, 실제 인기 메뉴도 일본에서 사랑받는 나폴리탄 스파게티.

도쿄 무사시노시 기치조지 혼초 1-10-9東京都武蔵野市吉祥寺本町1丁目10-9
OPEN 11:00-24:00

사토우

黒毛和牛専門店 さとう

고독한 미식가 고로상이 나폴리탄 스파게티를 먹으러 가는 길에 들른 정육점(미트숍) 사토우. 여행객뿐 아니라 현지인들에게도 인기 있는 맛집으로 언제나 긴 줄을 각오해야 한다. 인기 메뉴는 고로상도 산 멘치카츠. 여행하는 도중 출출함을 달래기 딱 좋은 맛과 양.

도쿄 무사시노시 기치조지 혼초 1-1-8東京都武蔵野市吉祥寺本町1丁目1-8
OPEN 10:00-17:00

세 번째. 주인공이 있는 맛집

그림 같은
여행의 순간을
기억하다

네 번째, 미술관 속 맛집

미술과 요리의 공통점은 우선 '눈'으로 즐긴다는 것이다.
굳이 플레이팅까지 들먹이지 않아도
보기 좋은 음식이 맛의 절반을 차지하는 것은 당연한 이치다.
어떤 음식을 먹었는지 못지않게 어떤 음식을 찍었는지를
따질 수밖에 없는 여행자라면 더더욱 그렇다.
물론 그러한 이유로 미술관의 맛집에 가보길 권하는 것은 아니다.
도쿄에는 미술관 투어에 하루쯤 할애해도 좋을 만큼
가볼 만한 전시가 유독 자주 열린다.
시간이 아쉬운 여행자에게
전시도 보고 식사도 해결할 수 있는 곳으로
미술관에 딸린 식당은 나름의 합리적인 선택지다.
엄청난 별점을 줄 만큼은 아니지만 가격도 맛도 적절하다.
게다가 대개의 미술관이 좋은 위치에 있는 만큼
멋진 전망도 즐길 수 있다.

도 쿄 도　정 원　미 술 관

Tokyo Metropolitan Teien Art Museum

1983년에 개관한 아름다운 미술관. 정원 미술관이라는 이름이지만 건물의
아름다움에 먼저 놀라게 된다. 프랑스에서 살다 귀국한 황실 귀족의 저택을
미술관으로 개조한 곳으로 아르데코 양식의 건물 내부는 유럽 귀족의 저택
을 방불케 한다. 신관과 본관으로 나뉘어 있으며 서양 정원, 잔디 정원, 다실
이 있는 일본 정원 등이 있다.

도쿄 미나토구 시로카네다이 5-21-9 東京都港 区白金台5丁目21-9
OPEN 10:00-18:00
DAY OFF 매월 둘째주와 넷째주 수요일(공휴일은 개관하고 다음 날 휴관), 연말연시

네 번째, 미술관 속 맛집

미나미 아오야마의 프렌치 레스토랑 로아 라 부시Leau a la bouche의 자매점.
정원 미술관의 출구 바깥에 위치해 있어, 통창으로 미술관의 숲을 바라보며
요리를 즐길 수 있다. 식사는 예약하는 것이 좋고, 시간이 허락하지 않는다
면 차 한 잔의 여유라도 즐겨보길 권한다. 미술관의 전시나 관람에서 얻은
영감을 정리하기에도 좋다.

OPEN 11:00-22:00
오후 2시부터 5시까지는 카페로 운영된다.
DAY OFF 매월 둘째, 넷째주 수요일

홈페이지에서 온라인 예약을 할 수 있다.
www.museum-cafe-restaurant.com/duparc

우에노 도쿄국립미술관의
호류지 보물관

일본에서 가장 오래된 사찰의 보물을 보관하는 곳. 선과 면이 돋보이는 모
던한 건물로 뮤지엄 앞을 비추는 호수가 인상적이다. 1층에 미술관 뒤쪽을
바라보며 간단한 식사를 할 수 있는 카페가 있다.

"도시 안에서 자라나는 풀과 나무들은 그 안에 같이 사는 우리를 위로해준다.
나는 아무것도 해준 게 없는데."

네 번째. 미술관 속 맛집

숲속에 들어간 느낌이 드는 네즈 카페.
통창으로 보이는 주변 경관은 어디를 바라보아도 멋지다.
실내 천장을 종이로 마감한 것이 신의 한 수.
덕분에 실내에 앉아서도 바람 소리와 햇살의 움직임 등을 고스란히 느낄 수 있다.
숲이 말을 걸어오는 기분이랄까.

점심도 디저트도 부담 없이 시킬 수 있는 가격대의 카페.

네
즈
미
술
관
根
津
美
術
館

쇼핑과 맛집의 성지인 오모테산도에 있는, 위치 면에서 가성비 최고의 미술
관. 핫플레이스 한가운데에서 교토의 운치를 느낄 수 있달까.
전시 못지않게 조용한 일본식 정원과 카페가 매력적이다. 특히 정원은 계절
이 달라질 때마다 다른 분위기가 나기 때문에 봄, 가을에는 꼭 가보길 권한
다. 정원을 바라보며 식사와 차를 즐길 수 있는 카페는 그 자체가 미술관의
작품처럼 느껴진다. 활기찬 도시여행에서 한숨 돌리고 싶을 때 추천하는 곳.

도쿄 미나토구 미나미아오야마 6-5-1東京都港区南青山6丁目5-1
OPEN 10:00-17:00
DAY OFF 화요일

네 번째, 미술관 속 맛집

국립신미술관
国立新美術館

모리 미술관, 산토리 뮤지엄과 함께 롯폰기의 트라이앵글로 불리는 뮤지엄. 2층에는 애니메이션 〈너의 이름은〉에 등장한 카페가 있고, 3층에는 미슐랭 쓰리스타 셰프인 폴 보퀴즈의 레스토랑이 있다. 물결 치는 모양의 외관과 커다란 컵 모양의 인테리어가 인상적인 전망 좋은 미술관.

도쿄 야경 스팟,
모리 미술관 森美術館

모리 미술관의 가장 큰 장점은 도쿄의 파노라마 뷰를
볼 수 있다는 것. 미술관 52층에는 카페 더 선THE SUN
과 레스토랑 더 문THE MOON이 있다.

도쿄 미나토구 롯폰기 6-10-1 롯폰기힐즈 모리타워 53층東京都港区
六本木6丁目10-1 六本木ヒルズ森タワー53階
OPEN 10:00-22:00(화요일은 17:00시까지)

카페 더 선은 태양처럼 밝은 느낌의 공간으로 샌드위치나 파스타 같은 가
벼운 메뉴 및 전시회와 콜라보한 메뉴를 판매한다.

OPEN 11:00-22:00(52층 혹은 53층 입장권을 지참해야 입장 가능)

더 문은 도쿄의 환상적인 야경을 즐기며 데이트하기에 적합한 프렌치 레
스토랑이다. '달'을 모티프로 한 장식과 식기가 이곳의 독특한 분위기를
더욱 돋보이게 해준다. 특별한 저녁이라면 한 번쯤 방문해보길 추천한다.

Lunch 11:30-15:30 / Dinner 18:00-23:00

하라 뮤지엄 原美術館

주택가에 있는 서양식 주택을 개조한 현대미술관.
정원을 품고 있는 미술관으로 상설전과 기획전이
따로 있다. 정원을 바라보며 식사할 수 있는 1층 카
페 다르에서 가성비 높은 점심을 먹어보길 권한다.
전시의 이미지와 연관된 케이크를 팔기도 하는데
식사도 디저트도 맛이 훌륭하다. 주택가여서인지 여행자뿐 아니라 현지인
들도 많이 찾는다.

도쿄 시나가와구 기타시나가와 4-7-25東京都品川区 北品川4丁目7-25
OPEN 11:00-17:00
DAY OFF 화요일

다섯 번째. 긴자의 디저트 그리고 사람들

주말이면 긴자는 차 없는 거리가 된다.
길가에 앉아 사진 찍는 사람,
쇼핑을 즐기는 사람,
벤치에서 한숨 돌리는 사람,
여행객은 물론 스타일리시한 직장인까지
긴자의 거리는 언제나 사람들로 가득하다.
전통과 최신 트렌드가 공존하는 긴자 특유의 운치 있는 거리와
멋진 건물숲을 오가는 사람들을 구경하다 보면
어느덧 반나절이 훌쩍 지나버린다.
긴자에는 수많은 맛집이 있지만
맛있는 디저트의 세계에 발을 들여보길 권한다.
역사 깊은 맛집부터 트렌디한 디저트 가게까지
긴자의 디저트는 아무리 파고들어도 끝이 없다.
긴자의 거리가 내려다보이는 디저트 가게에 들어가
사람들을 구경하며 달콤함을 즐기는 시간을 꼭 가져보시길.

긴자의
달콤한 매력을
느끼다

PEOPLE
GINZA

긴자의 건물을 찍는 것도 여행의 또 다른 즐거움

새로운 건물을 짓는 대신 사람들에게 특별한 공원을 선물한 소니.
2020년까지 자리를 지킬 소니 긴자파크에 가면
다양한 카페와 계속 바뀌는 소니의 이벤트를 즐길 수 있다.

다섯 번째, 긴자와 디저트 그리고 사람들

KIMURAYA
GINZA

기무라야

銀座木村家

1874년 오픈해 지금까지 전통을 이어오고 있는 단팥빵 맛집. 빵 덕후들에게는 이미 잘 알려진 곳이다. 1층은 빵을 판매하는 베이커리이고 2층은 음료와 함께 빵을 즐길 수 있는 카페, 3층은 기무라야 그릴, 4층은 기무라야 레스토랑으로 나뉘어 있다. 1층에서는 주종발효 단팥빵, 계절한정 단팥빵, 앙버터, 과일빵, 카레 빵 등 약 150종류의 빵을 판매한다. 빵도 맛있지만 1층에서 손님을 환하게 맞아주는 나이 지긋한 점원들을 보는 것만으로도 기분 좋아지는 가게. 창가에 앉아 긴자의 거리를 바라보고 있으면 빵 투어를 시작할 의욕이 마구 생겨난다.

긴자 기무라야 본점銀座木村家
도쿄 주오구 긴자 4-5-7東京都中央区銀座4丁目5-7
OPEN 10:00-21:00

벨기에 와플집, 마네켄

줄 서서 먹는 와플집으로, 1986년 오사카 우메다에 1호점을 열었다. 벨기에 와플 특유의 맛을 잘 살려 벨기에 국왕으로부터 훈장을 받기도 했다. 일본 전역에 수십 곳의 지점이 있으나 긴자의 마네켄 매장은 여행자들이 오가는 곳에 위치한 데다 맛도 가격도 출출함을 달래기 딱 적당해 늘 줄이 길게 늘어서 있다. 밸런타인데이 등의 기념일 메뉴나 점포 및 계절 한정 메뉴 등 독특한 와플을 맛보는 것도 재미 중 하나. 가장 권하고 싶은 와플은 플레인 맛과 계절한정 메뉴인 고구마 맛이다.

긴자 마네켄銀座マネケン
도쿄 주오구 긴자 5-7-19 다이이치세이메이 빌딩 1층東京都中銀座5-7-19 第一生命銀座フォービル1階
OPEN 11:00-22:00

줄 서 있는 풍경도 때로는 포토 스팟이 된다.

긴자의 식빵집, 센트레 더 베이커리

セントル ザ・ベーカリー

'식빵이 얼마나 맛있으면 줄을 서서 먹을까?' 생각하다, 먹자마자 그 생각이 사라져버리는 식빵 맛집. 식빵을 사가는 줄과 홀에서 먹는 줄로 나뉘는데, 여행자라면 주로 먹고 가는 쪽을 택하게 된다. 식빵을 이용한 요리는 11시부터 주문할 수 있고 식빵은 10시부터 바로 먹을 수 있다.

메뉴는 잼 세트와 버터 세트, 잼과 버터를 모두 비교해서 먹을 수 있는 잼버터 세트로 나뉘며, 식빵도 2종류와 3종류 중 고르도록 되어 있다. 영국EB과 미국NA, 일본JP 식빵 3가지가 있으며, 버터 또한 프랑스, 홋카이도, 일본 버터가 나온다. 매장에서 마음에 드는 토스터기를 골라 구울 수 있다는 것과 식빵을 주문하면 커피가 아닌 우유를 주는 점이 또 다른 재미.

도쿄 주오구 긴자 1-2-1 東京都中央区銀座1丁目2-1 東京高速道路紺屋ビル
OPEN 10:00-19:00

다섯 번째. 긴자와 디저트 그리고 사람들

몽블랑이 맛있는 카페,
카페 드 미유키칸 みゆきかん

우리나라에도 맛있는 케이크가 많지만 몽블랑만큼은 일본에 미치지 못하
는 듯하다. 미유키칸은 1969년에 문을 연 긴자의 디저트 카페로 몽블랑이
유명한 곳. 긴자에만 6개의 매장이 있으며, 도쿄의 오래된 카페들이 대개 그
러하듯 살짝 고풍스러운 분위기가 나며 찻잔의 디자인도 클래식하다. 몽블
랑은 일주일에 두 번 가게에서 직접 만드는데 시간이 맞으면 만드는 모습을
볼 수 있다. 바삭하고 달콤한 머랭 위에 크림처럼 부드러운 몽블랑을 얹은
게 특징으로 커피보다는 홍차와 더 잘 어울리는 맛이다.

긴자 카페 드 미유키칸
도쿄 주오구 긴자 6-5東京都中央区銀座6丁目5
OPEN 9:00-23:30(주말은 10:00부터)

다섯 번째, 긴자와 디저트 그리고 사람들

여기도 가보면 좋아요!

recommend

과일 디저트,
센비키야 銀座千疋屋 本店

1894년에 문을 연 과일 가게. 오래된 역사만큼 가격 또한 깜짝 놀랄 만큼 비싸다. 가령 멜론 1개에 2만 엔이 넘을 정도. 센비키야는 고가의 과일을 파는 데 한계를 느껴 고급과일로 만든 디저트를 개발하면서 더 많은 이들에게 사랑받기 시작했다. 1층에서는 과일을 팔고 2층에서는 과일 디저트를 판다. 긴자 파르페와 폭신한 과일 샌드위치가 가장 인기 있는 메뉴. 둘 다 낮은 가격은 아니지만 과일 맛이 가격을 잊게 한다. 여행객뿐 아니라 현지인들에게도 사랑받는 가게.

긴자 센비키야 銀座千疋屋 本店
도쿄 주오구 긴자 5-5-1 東京都中央区 銀座5丁目5-1
OPEN 10:00-20:00(일요일은 11:00-18:00)

타르트 전문,
키르훼봉 キルフェボン グランメゾン銀座店

제철 과일로 타르트를 만들어 파는 유명한 디저트 맛집. 맛도 맛이지만 비주얼만으로도 자신 있게 추천할 수 있는 맛집 중 하나다. 과일이 달고 맛있기로 유명한 시즈오카에 본점이 있고 일본 전역에 여러 개의 매장을 두었다. 평소에도 줄이 길지만 크리스마스 등 특별한 날에는 줄을 설 엄두가 나지 않을 정도. 긴자점의 경우 1층은 테이크아웃 전용이고 지하 1층에 유럽 스타일의 카페가 있다.

키르훼봉 그랑메종 긴자점 キルフェボン グランメゾン銀座店
도쿄 주오구 긴자 2-5-4 지하 1층 東京都中央区銀座2丁目5-4 ファサード銀座1F/B1F
OPEN 11:00-21:00

무스 케이크 맛집,
이데미 스기노 イデミ・スギノ

세계적으로도 실력을 인정받는 파티셰 이데미 스기노의 디저트 가게. 무스 케이크가 가장 유명하며 각각의 케이크가 작품처럼 느껴진다. 술을 넣어서 만든다는 것이 이곳 디저트의 특징으로, 알코올 함유량은 별 개수로 표기한다. 전반적으로 상큼하면서 달콤한 맛이 나는 케이크를 파는 곳으로 긴자의 중심에서 조금 벗어나 있지만 도쿄 디저트 투어에서 빼놓으면 안 될 곳. 카페에서 사진촬영이 금지되어 있음을 염두에 둬야 한다.

이데미 스기노Hidemi sugino
도쿄 주오구 교바시 3-6-17東京都中央区京橋3丁目6-17
OPEN 11:00-19:00
DAY OFF 일, 월요일

라뒤레 살롱드테 ラデュレ 銀座店

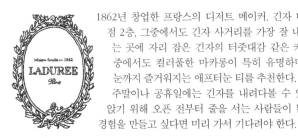

1862년 창업한 프랑스의 디저트 메이커. 긴자 미쓰코시 백화점 2층, 그중에서도 긴자 사거리를 가장 잘 내려다볼 수 있는 곳에 자리 잡은 긴자의 터줏대감 같은 카페. 디저트 중에서도 컬러풀한 마카롱이 특히 유명하며 기념일에는 눈까지 즐거워지는 애프터눈 티를 추천한다.
주말이나 공휴일에는 긴자를 내려다볼 수 있는 창가석에 앉기 위해 오픈 전부터 줄을 서는 사람들이 많으니 특별한 경험을 만들고 싶다면 미리 가서 기다려야 한다.

라뒤레 살롱드테ラデュレ 銀座店
도쿄 긴자 주오구 4-6 미쓰코시 백화점 2층東京都中央区銀座4丁目6三越銀座店 2F
OPEN 10:30-22:00

맛집이 여행지를 고르는 절대적인 기준은 아니지만
우연히 발견한 가게는 여행을 바꾸어놓는다.
유명 관광지보다 숙소로 가는 길에 들른
작은 바가 더 마음에 남고, 손님 없는 동네 가게의 사장님과
나눈 대화가 추억이 되기도 한다.
말이 통하지 않아도 그 나라, 그 도시, 그 동네 사람들을 바라보며
하루쯤은 여행자가 아닌 그곳 사람으로 살아보고 싶다면,
한적한 골목의 식당들을 찾아가 보자.

여섯 번째. 처음 가본 그 동네, 그 가게

걷다가,
우연히,
만난
그곳

야
키
돈
사
카
바

카
네
쇼

焼
と
ん
酒
場
か
ね
将

나카메구로와 에비스 등 여행자들이 찾는 번화가의 이웃 동네 고탄다에서
찾은 선술집. 퇴근길에 들러 한잔하거나 동네 친구와 갑자기 의기투합할 때
부담 없이 갈 수 있는 분위기다. 메뉴도 다양한 데다 꼬치류는 상대적으로
비싸지 않은 가격대여서 더욱더 좋다. 현금만 받는 시스템인데 영수증을 달
라고 하니 그런 건 없다며 종이에 가격만 덩그러니 써주던 직원이 기억에
남는, 활기찬 동네 술집. 손님이 많아 시끄러울 수 있지만 그래서 오히려 혼
자 가도 부담스럽지 않은 곳.

도쿄 시나가와구 고탄다 2-6-1東京都品川区西五反田2丁目6-1
OPEN 16:30-23:30

여섯 번째, 처음 가본 그 동네, 그 가게

YUUCHAN IZAKAYA
MONZEN-NAKACHO

이
자
카
야

유
우
짱
ゆ
う
ち
ゃ
ん

애주가들의 골목 몬젠나카초에서도 한눈에 들어오는 독특한 외관의 가게.
골목을 걸어가다 보면 드라마 세트장 같은 가게, 유우짱이 보인다. 실내도
장식품을 주렁주렁 매달아놓은 바깥 분위기와 크게 다르지 않다. 온갖 소품
들로 가득한 데다 8명이 간신히 앉을 만큼 좁은 규모여서 깔끔한 분위기를
선호하는 사람이라면 첫인상은 다소 충격적일 수도. 가게 이름 유우짱은 딸
의 이름을 따서 지은 것이라 한다.

도쿄 고토구 몬젠나카초 2-9-4 東京都江東区門前仲町2丁目9-4
OPEN 18:00-24:00

가게에 진열한(혹은 쌓아둔) 희한한 소품들을 구경하는데 '키타나셰린kitanachelin의 별 3개' 액자가 눈에 띄었다. 키타나셰린은 '키타나이(더럽다)'라는 일본어와 미슐랭의 조합으로, 심각할 정도로 지저분하지만 맛있는 가게들을 소개하는 미슐랭 가이드의 패러디다. 이 액자를 본 순간부터 어수선한 분위기는 마음에서 사라지고, 시킨 음식에 대한 기대감만 남았다. 작은 동네 술집이지만 안주가 다양하고 맛있는 게 큰 장점이며, 단짠단짠의 조합이 훌륭하다. 해산물 베이스의 안주와 꼬치가 주요 메뉴인데, 가격도 착하지만 무얼 시켜도 맛있다! 특히 명란마요네즈크림소스를 얹은 마카로니는 생맥주와 찰떡궁합. 술과 여러 접시를 비울 때쯤 퇴근한 회사원들이 옆자리를 채우며 순식간에 심야식당 분위기로 바뀌었다.

여섯 번째, 처음 가본 그 동네, 그 가게

에비스 부근을 걷다 우연히 들어간 곳. 얼핏 봐서는 평범한 카페처럼 보이는데, 사진미술관이 있는 에비스의 지역적 특성 때문인지 사진집을 마음껏 볼 수 있는 북카페 겸 식당이었다. 일본 가정식과 디저트, 각종 음료를 판매하는데 맛도 가격도 훌륭한 편이었다. 책과 식사가 어우러진 매력적인 공간으로 동네 주민들에게도 인기가 많아 보였다. 아쉬운 점이 있다면 상대적으로 일본 작가들의 사진집이 많다는 것. 사진에 관심 있는 사람이라면 한 번 들러봐도 좋겠다.

도쿄 시부야구 히가시 3-2-7東京都渋谷区東3丁目2-7
OPEN 11:30-22:00(주말은 12:00-21:00)
DAY OFF 월요일

여섯 번째, 처음 가본 그 동네, 그 가게

음악을 들으며 창밖을 보는 사람,
노트를 펴놓고 무언가 적는 사람,
커피와 케이크를 놓고 열심히 찍는 사람,
여행 중 혹은 일상의 피로를 달래는 사람,
바리스타와 이야기를 나누는 사람,
커피 한 잔 앞에 두고 책을 읽는 사람,
친구와 소곤소곤 이야기하는 사람,
카페의 풍경이다.

'도쿄 감성'을 가장 오롯이 느낄 수 있는 곳.
홀로 여행자라면 더욱더 추천하고 싶은 카페투어.

도쿄
감성을
한 잔에
담다

LITTLE NAP
COFFEE STAND
YOYOGI

리틀냅커피스탠드
Little Nap COFFEE STAND

요요기 공원과 거의 맞닿아 있는 카페. 카운터 좌석 몇 석밖에 없을 만큼 작아서인지 매장에서 먹는 손님보다는 커피를 사러 오는 테이크아웃 손님이 더 많다. 앉을 곳이 거의 없다는 단점에도 불구하고, 맛있는 커피와 음악, 창밖으로 보이는 요요기 공원과 주변 분위기를 즐기기 위해 기꺼이 갈 만한 카페. 한가한 시간대에는 창밖을 바라보며 여유를 즐길 수 있다. 커피도, 쿠키도, 치즈 핫도그도 망설임 없이 추천할 수 있는 맛이다. 30분 정도 앉아 간단한 식사를 했는데, 주인의 취향 덕분인지 커피를 사러 오는 손님들마저 스타일리시해 보였다. 사람 구경 하기에도 좋은 카페.

도쿄 시부야구 요요기 5-65-4 東京都渋谷区代々木5丁目6 5-4
OPEN 09:00-19:00
DAY OFF 월요일

요요기하치만역 부근에는 유독 건널목이 많다. 이 동네의 카페들과 어울리는 풍경.

일곱 번째, 혼자라서 더 좋은 카페투어

여행자도 현지인도 자주 찾는 매력적인 동네 나카메구로. 4km 정도 되는 메구로 강변을 따라 계절마다 다른 풍경을 즐길 수 있는 멋진 카페들이 즐비하다. 야호 커피도 그중 한 곳.

도쿄 메구로구 아오바다이 1-16-10東京都目黒区青葉台1丁目16-10
OPEN 10:00-18:00

JAHO COFFEE
NAKAMEGURO

필름 사진을 찍는 이유

여행을 하면서 사진을 찍다 보면 멋진 풍경과 상황들을 완벽하게 남기고 싶은 마음이 일종의 강박을 낳는다. 그 마음은 내 여행을 더 피곤하게 만들곤 한다. 필름 카메라를 들고 여행을 다니면서부터는 완벽한 사진을 찍기 위한 강박에서 벗어나 그 상황 자체를 즐기는 시간이 더 많아졌다.

그리고 단 한 장. 그 순간을 위한 사진은 단 한 장이라는 걸 알게 되었다. 가끔은 놓쳐도 괜찮다. 초점이 맞지 않아도 좋다. 더 많은 순간들을 만나는 게 중요하니까.

일곱 번째, 혼자라서 더 좋은 카페투어

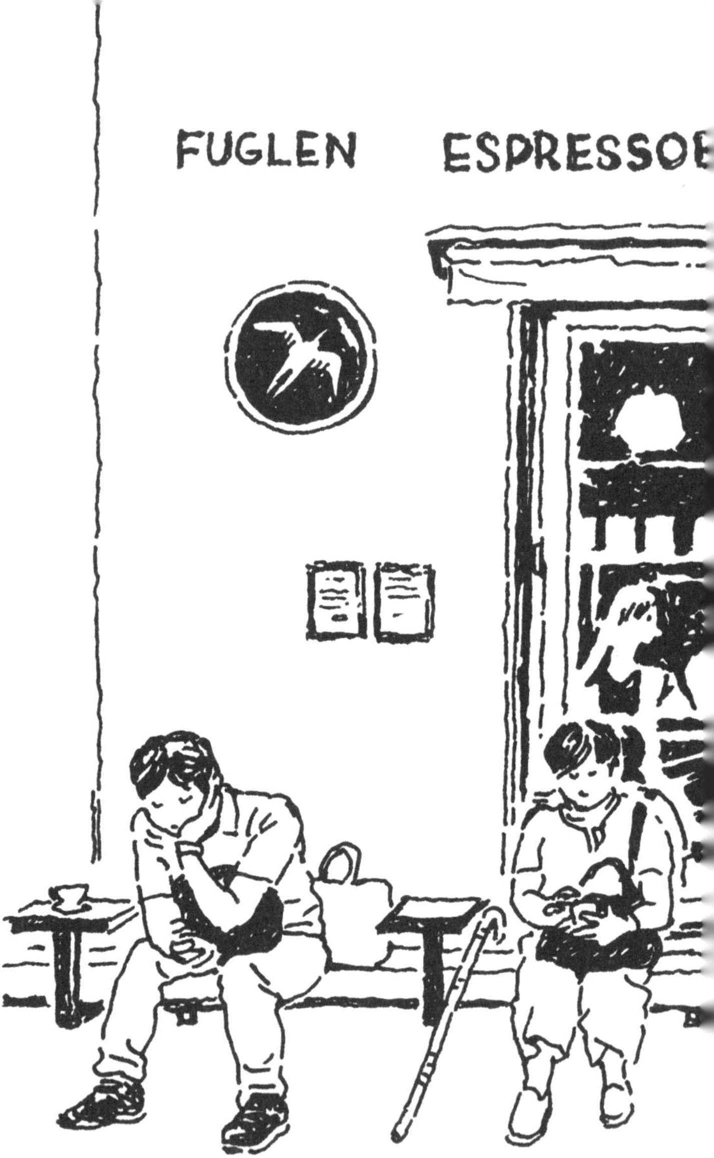

FUGLEN TOKYO
SHIBUYA

COCKTAILBAR VINTAGEDESIGN

패 스
Path cafe

PATH

핫한 카페들이 모여 있는 요요기 공원 지역에서도 줄 서서 기다려야 하는 곳. 도쿄에서는 드물게 오전 8시부 터 문을 열기 때문에 맛있는 아침을 즐길 수 있다. 시 작하자마자 만석이 되므로 오픈 시간에 맞춰 가야 기다리지 않는다. 바 자리에 앉아 빵 굽고 조리하는 모습을 바라보며 커피와 식사를 즐길 수 있 다. 워낙 카페들이 많은 지역이기 때문에 아침으로 수프와 빵을 먹은 후 주변 카페로 이동하는 것도 방법. 브레이크 타임이 있으며 저녁에는 와인 과 술이 있는 공간으로 변한다.

도쿄 시부야구 토미가야 1-44 A FLAT 東京都渋谷区富ヶ谷1丁目44 A-FLAT
OPEN 08:00-14:00 / 18:00-23:00
DAY OFF 월요일

패들러스 커피
Paddlers Coffee

한적한 주택가의 카페로 스텀프타운 커피의 원두를 쓰는 곳으로 알려지 기 시작했다. 멋부리지 않은 카페공간과 LP 플레이어로 음악을 틀어주는 포근한 분위기에서 포틀랜드 스타일을 지향하는 주인의 의지가 엿보인 다. 노를 저어 나아간다는 가게 이름까지 매력적으로 느껴지는 곳. 음악을 들으며 먹는 커피와 핫도그는 이곳이어서 가능한 푸짐한 한 끼.

도쿄 시부야구 니시하라 1-26-5 東京都渋谷区西原2丁目2 6-5
OPEN 07:30-18:00
DAY OFF 월요일

사루타히코 커피 에비스

猿田彦珈琲 惠比寿本店

'커피 한 잔으로 행복해질 수 있다'는 슬로건으로 에비스에서 시작한 스페셜티 커피전문점. 메뉴를 보면 커피 맛에 신경 쓰는 카페답게 핸드드립 원두의 특징을 일목요연하게 정리해놓은 점이 눈에 띈다. 에스프레소와 라테 등도 유명하며 계절한정 메뉴인 사쿠라 라테 등이 인기 메뉴다. 기모노입은 여인의 모습이 그려진 테이크아웃 잔은 SNS에서도 화제다. 맛있는 커피와 친절한 응대로 도쿄에만 7개의 지점을 냈으며, 최근에는 대만에도 진출한 바 있다.

도쿄 시부야구 에비스 1-6-6東京都渋谷区恵比寿1丁目6-6
OPEN 08:00-00:30(주말은 10:00부터)

365일

365日

365日

패스 카페와 매우 가까운 위치로 요요기 공원 근처의 카페투어에서 빼놓을 수 없는 인생 빵집. 매장이 매우 작기 때문에 매장에서 먹기보다는 사가는 손님이 대부분이다. 근처에 테이크아웃 카페도 많기 때문에 빵만 사서 공원으로 가는 코스도 추천한다. 아주 작은 공간에 각종 빵은 물론 밀가루와 소스, 빵에 대한 책 등을 진열해두고 판매한다. 카운터 석에 앉아 빵 만드는 주방과 사람들을 구경하는 것도 재미있다.

도쿄 시부야구 토미가야 1-6-12東京都渋谷区富ヶ谷1丁目6-12
OPEN 07:00-19:00

여백이 있는
공간에 머무르다

여기 문제, 젠 스타일 도쿄투어

여행은 어디론가 떠나는 일인 동시에 어딘가에 머무르는 일이다.
지금 내가 발 붙이고 있는 곳을 떠나
새롭게 머무를 공간을 찾는 것이 바로 여행이다.
우리는 어느 도시에 머무르며 그 나라의 공기와 스타일,
일상을 느끼고 문화에 발을 들인다.

일본은 어떨까. 심플하고 단정한 느낌, 여백의 미,
화려하지 않은 아름다움, 고요함 등은
일본에서 느낄 수 있는 동양적 매력 중 하나다.
화려하고 트렌디한 매장들,
100년 넘는 역사를 자랑하는 골목의 노포들 중에서
젠禪 스타일을 머금고 있는 가게들을 찾는 것도
색다른 여행이 될 것이다.

SAKURAI
TEA EXPERIENCE

사쿠라이 티 연구소 櫻井焙茶研究所

일본의 차 문화를 즐길 수 있는 모던하고 심플한 공간. 문을 열고 들어가 흰색 가운을 입은 직원을 마주하는 순간 왜 '사쿠라이 티 연구소'라는 이름을 지었는지 단번에 이해가 된다. 'SAKURAI TEA EXPERIENCE'라는 한 줄로 정리되는, 차의 모든 것을 경험할 수 있는 충만하고 경건한 공간. 차를 단품으로 마실 수도 있고 사갈 수도 있지만 시간과 경제력이 허락한다면 'Tea Course'를 시도해보자. 카운터에 앉아 약 1시간 반 동안 4가지 차를 다른 방식으로 마실 수 있는데, 차 우리는 과정을 지켜보는 것만으로도 힐링이 된다.

도쿄 미나토구 미나미아오야마 5-6-23 스파이럴 빌딩 5층東京都港区南青山5丁目6-23 スパイラルビル5F
OPEN 11:00-23:00(주말은 20:00까지)

바에 앉아 마실 차를 고른 후 기다리면, 찻잎을 접시에 담아 향을 맡게 한다. 그리고 뜨거운 물을 부어 약 3분간 차를 우려내는데, 그 첫 모금은 가히 충격적인 맛이다. 뜨거운 차, 차가운 차, 찻잎 등을 차례차례 맛보는 시간이 이어진다. 4가지 차와 다과로 구성된 코스는 그 어떤 요리코스보다 인상적이다. 음식이 아닌 '차'로도 미식의 도쿄를 느낄 수 있으니 꼭 체험해보라고 권하고 싶다.

여덟 번째. 젠 스타일 도쿄투어

야쿠모사료
八雲茶寮

나카메구로와 지유카오카 사이의 한적한 주택가를 걷다 보면 갈색 대문이 있는 단독주택이 나온다. 정원을 지나 갤러리 같은 입구로 들어가면 직원이 나와 안쪽의 식사공간과 티룸으로 안내한다. 정원이 보이는 창문 앞의 큰 나무 테이블이 차를 마시고 밥을 먹는 공간이며, 조식 및 런치 세트, 차tea 코스가 있다. 식사는 최소한 2주 전에 예약을 해야 갈 수 있다고.
가장 일본스러운 식사를 경험하고 싶다면 반드시 예약해보길 권한다. 대중 교통이 편하지 않고 일부러 찾아가야 하지만 그럴 만한 가치가 충분하다. 바깥 정경을 찍는 것 외에는 실내 촬영이 금지되어 있는데 식기부터 테이블, 음식, 직원의 서비스 모두 '정갈한 고급스러움'이 배어 있어, 사진을 못 찍는 게 아쉬울 정도였다.

도쿄 메구로구 야쿠모 3-4-7 東京都目黒区八雲3丁目4-7
OPEN 09:00-17:00
DAY OFF 월요일

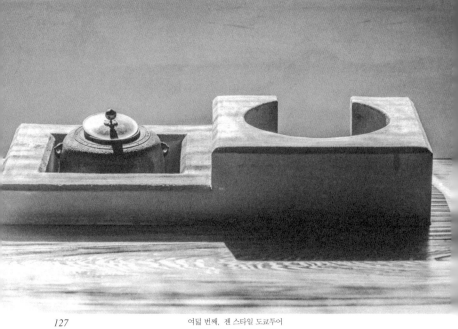

히
가
시
야
마
東
山

나만을 위해 차려낸 일본 가정식을 맛볼 수 있는 식당. 조용한 분위기를 즐기고 싶을 때, 나를 위한 사치를 부리고 싶을 때 가면 좋은 곳이다.

도쿄 메구로구 히가시야마 1-21-25東京都目黒区東山1丁目21-25
OPEN 11:30-15:00 / 18:00-24:00
DAY OFF 일요일

여덟 번째, 젠 스타일 도쿄투어

토 라 야
とらや

일본의 대표적인 화과자 전문점. 무로마치 시대에 교토에서 창업해 500년 이상 운영하고 있는 노포로 역사만으로도 가볼 만한 곳이다. 덴노를 위한 양갱을 만들던 제과점으로, 교토에서 도쿄로 수도를 옮기자 토라야도 따라서 점포를 옮기게 되었다고. 일본 전역에 크고 작은 매장들이 많은데 맛도 맛이지만 모양과 패키지가 예뻐서 선물하기에도 좋다. 개인적으로는 모던한 분위기의 롯폰기 미드타운 매장을 추천한다.

> 도쿄 미나토구 아카사카 9-7-4 미드타운 지하 1층 東京都港区赤坂9丁目7-4 D-B117 東京ミッドタウン地下1階
> **OPEN** 11:00-21:00

샤 샤 카 네 타 나 카
茶酒　金田中

도쿄에서 '혼밥'을 즐기고 싶다면 가장 먼저 추천하고 싶은 곳으로, 일본식 정원을 인테리어로 활용한 카페 겸 식당이다. 긴 테이블에 앉아 바람에 대나무가 흔들리는 모습을 보며 밥을 먹거나 차를 마시고 있으면, 이곳이 교토인지 도쿄인지 헷갈릴 정도다. 명품 브랜드가 즐비한 거리 오모테산도에 있어서인지 가게의 조용한 분위기가 더더욱 큰 반전매력으로 느껴진다. 단점이라면 가격이 다소 비싸다는 것.

> 도쿄 미나토구 키타아오야마 3-6-1 오크오모테산도 2층 東京都港区北青山3丁目6-1
> オーク表参道 2F
> **OPEN** 11:30-20:30 (런치 11:00-14:00)

히가시야 긴자
ヒガシヤギンザ

히가시야는 양갱과 모나카, 만주 등을 파는 일본식 과자 전문점이다. 그중에서도 긴자에 위치한 히가시야 긴자는 현대식 티 살롱을 표방하는 공간으로 매우 모던한 느낌을 준다. 제품과 식기류를 살 수 있는 것은 물론 애프터눈티와 점심, 술 등을 즐길 수 있다. 가격대는 다소 높지만 긴자에서 가장 일본스러운 애프터눈티를 맛보고 싶다면 홈페이지에서 예약을 하고 가길 권한다. 오모테산도의 히가시야만은 만주를 주로 파는 작은 매장으로 쇼핑에 지쳤을 때 테이크아웃하기 좋다.

> 도쿄 주오구 긴자1-7-7 폴라긴자빌딩 2층東京都中央区銀座1丁目7-7 ポーラ銀座ビル2F
> OPEN 11:00-19:00

고소안
古桑庵

예쁜 일본식 정원을 갖춘 전통 찻집. 안미츠와 말차 등 일본식 디저트가 유명한 곳으로 교토의 요지야와 비슷한 분위기의 카페다. 트렌디한 카페들로 유명한 지유가오카에서도 고즈넉한 분위기와 여유를 즐기고 싶다면 권한다. 줄 서서 들어가야 할 정도로 인기가 많은 곳이어서, 창가 자리의 뷰를 즐길 수 있다면 정말 운이 좋은 것이다.

> 도쿄 메구로구 지유가오카 1-24-23東京都目黒区自由が丘1丁目24-23
> OPEN 11:00-18:30

시간이
멈춘
여행을
즐기다

이훈 편체, 시간을 머금은 카페

낡은 로스팅 기계, 낡은 커피머신, 오래된 커피잔과 테이블…
길 가다 우연히 들어간 카페,
시간이, 아니 세월이 느껴지는 곳이었다.
"지금 이 기계는 쓸 수 있는 건가요?"
"네, 그럼요. 이 가게의 모든 것은 전부 오래되었답니다.
저를 포함해서요."
웬만한 어른의 나이보다 더 오래된 카페에서
주인과 주고받은 대화다.
여행은 공간과 장소의 매력을 탐하는 일이지만,
그 공간과 사람이 머금은 시간을 들여다보는 것이기도 하다.
도쿄에는 유독 그러한 카페가 많다.

CHATEI HATOU
SHIBUYA

차
테
이

하
토
우
茶
亭

荷
堂

카페의 격전지 시부야에서 살아남은 유서 깊은 카페. 블루보틀의 창업자가
이곳에서 영감을 얻어 블루보틀을 시작한 것으로 알려져 있다. 외부만 봐서
는 내부가 어떤 모습일지 예상하기 어려웠는데 생각보다 손님이 많고 고풍
스러우면서도 지나치게 올드하지 않은 분위기였다. 바리스타들이 있는 카
운터 석, 큰 나무가 있는 테이블, 입구의 옷걸이, 빈티지한 소품들이 한 폭
의 그림처럼 조화를 이뤘다. 혼자 커피를 마시기도, 옆 사람과 작은 소리로
대화를 나누기에도 적절한 것 또한 마음에 들었다. 모든 손님들에게 똑같은
커피잔을 내지 않는다는 이야기를 듣고 갔는데 딱히 확인할 방법은 없었다.
대부분의 오래된 카페가 그렇듯 흡연석이 따로 없는 것과 현금결제만 가능
한 것이 아쉬웠다.

도쿄 시부야구 시부야 1-15-19東京都渋谷区渋谷1丁目15-19
OPEN 11:00-23:30

카 페

듀
カ フ ェ・デ ュ
ー

1972년에 오픈했다는 메구로의 동네 카페 듀. 주인 할아버지의 프랑스 친구가 지어준 이름이라고 한다. 주인 할아버지를 봤을 때는 평범한 동네 카페일 거라 생각했는데 사이폰으로 커피를 내려주는 곳이었다. 자세히 살펴보니 조명도 테이블도 인테리어도 꽤 신경 쓴 티가 역력하다. 47년 동안 이 작은 가게를 혼자 꾸려왔다는 사장님의 이야기를 들으며 그의 청년 시절이 저절로 떠올랐다.

도쿄 시나가와구 가미오사키 2-15-14 다카키빌딩 1층 東京都品川区上大崎2丁目15-14 高木ビル1F
OPEN 09:00-21:00
DAY OFF 일요일

아홉 번째, 시간을 머금은 카페

KAYABA COFFEE
YANAKA

화려함과는 거리가 멀지만 하루 종일 사진 찍고 걸어다녀도 지루하지 않을
것 같은 동네 야나카의 대표 커피숍. 우에노 공원으로 걸어가는 길에 들러
도 좋고, 미술관을 보러 가는 길에 가도 좋고, 우구이스다니역과 묶어서 가
도 좋은 커피 가게. 2층짜리 일본식 주택을 카페로 쓰고 있는데 1층은 평범
한 테이블석이고 2층은 다다미로 되어 있어 앉아서 쉬기 편하다. 2층 창가
에 발을 뻗고 앉아 지나가는 사람을 구경하거나 바람을 쐬고 있으면 저절로
행복해지는 곳. 분위기는 분명 전통 일본식인데 푸글렌 원두를 쓰는 것이나
메뉴판을 그림으로 그린 게 재미있는 포인트. 여행자가 아니어도 남녀노소
모두 좋아할 카페.

도쿄 다이토구 야나카 6-1-29東京都台東区谷中6丁目1-29
OPEN 08:00-18:00

타마고 샌드위치, 잼 토스트, 하이라이스 등 카페에서 먹을 수 있는 푸짐한 메뉴.
맛도 양도 가격도 합격점이다. 안미츠와 비슷한 일본식 디저트 미츠마메에
달콤한 시럽을 부어 먹는 것도 별미다.

아홉 번째, 시간을 머금은 카페

카페 파울리스타
カフェーパウリスタ

1911년에 문을 연 일본 최초의 카페. 몇 개월 만에 카페가 사라지고 생겨나는 요즘, 3대째 100년 넘게 운영되는 카페라니 그것만으로도 대단한 곳이다. 창업자는 브라질 커피를 일본에 소개하며 이 카페를 열게 되었고, 파울리스타는 상파울루 사람을 뜻한다고. 1층과 2층으로 나뉘어 있는데 2층이 금연석인 데다 긴자 거리를 내려다보며 쉬기에도 훨씬 좋다. 비틀즈의 존 레논과 요코가 찾은 카페로도 유명하며, 커피도 커피지만 모닝세트와 팬케이크도 권하고 싶은 메뉴다.

도쿄 주오구 긴자 8-9-16東京都中央区銀座8丁目9-16 長崎センタービル
OPEN 08:30-21:30

銀座 カフェーパウリスタ

긴자 트리콜로레
トリコロール 本店

1936년 시작된 카페로 조용하고 클래식한 분위기가 매력적이다. 양모로 짠 천을 활용하는 융 핸드드립을 고수하는 곳인데, 바에 앉아서 커피 내리는 모습을 구경하는 재미도 만만치 않다. 유니폼을 갖춰 입고 정성스레 커피를 내리는 바리스타를 보며 그윽한 향을 맡고 있으면 마치 커피를 주제로 한 드라마를 시청하는 기분이다. 커피도 일품이지만 수제 케이크도 꼭 맛보길 권한다. 애플파이는 사과 껍질 벗기는 것부터 굽는 것까지 매장에서 직접 만드는 인기메뉴.

도쿄 주오구 긴자 5-9-17東京都中央区銀座5丁目9-17
OPEN 08 30-20:30

GINZA Tricolore

커피 다프니

ダフニ

유명세와는 거리가 먼 카페. 가족이 운영하는 곳으로 커피숍이라기보다
는 로스팅한 원두를 파는 커피가게에 가깝다. 카페 안에서도 마실 수 있지
만 커피를 사들고 나와 골목을 산책하며 즐기기 좋다. "맛있는 커피란 먹
고 난 후에 자연스럽게 한 잔 더 마시고 싶어지는 것이다"라는 주인장의
철학으로 운영되는 숨은 맛집. 애정과 철학을 모두 갖춘 커피 장인을 만나
고 싶다면 가봐도 좋다.

도쿄 미나토구 시바 5-10-11東京都港区芝5丁目10-11
OPEN 10:00-19:00

카페 드 람브르

カフェ・ド・ランブル

직접 로스팅한 커피를 융 드립으로 정성스럽게 내려주는
카페. 커피투어를 작정하고 떠난 분이라면 꼭 가봄직하
다. 영어 메뉴판도 있고 직원도 외국어가 가능해서 일
어를 못해도 대화를 나누는 재미가 있다. 커피맛은 최
고지만 흡연석이 구분되어 있지 않다는 것과 현금으로만
결제 가능하다는 것을 염두에 두어야 한다.

도쿄 주오구 8-10-15東京都中央区銀座8丁目10-15
OPEN 12:00-21:30(일요일은 18:30까지)
DAY OFF 화요일

아홉 번째, 시간을 머금은 카페

커피와 함께 호텔 조식을 먹고,
넓은 라운지를 내 집 거실처럼 누리고,
밤에는 호텔 바에서 혼술을 즐기고.
나가기 싫은 날에는 하루 종일 음악 듣고 책을 읽고,
조금 피곤한 날에는 룸서비스로 저녁을 대신하고,
어딜 가야 할지 모를 때에는 호텔의 컨시어지로부터
갈 만한 곳을 추천받고,
여행자가 호텔에서 할 수 있는 일들은 너무도 많다.
혼자라면 더더욱.

혼자 놀기
가장
좋은 곳,
호텔

호텔 코에
Hotel koe Tokyo

의류나 잡화 등을 판매하는 라이프스타일 브랜드 코에서 운영하는 호텔.
1층은 뮤직과 푸드, 2층은 패션, 3층은 스테이라는 키워드로 운영되며 시부
야의 중심가에 위치해 있다. 2층의 코에 의류매장에서는 2년 연속 톰 브라
운과 컬래버레이션한 제품이 특별 진열되기도 했다. 3층부터 객실이 시작
되며 투숙객은 3층 라운지를 이용할 수 있다. 라운지의 술과 음료는 기본적
으로 무제한 무료이며 숙박요금에 포함되어 있다. 혼술을 즐기지 않는 사람
이라면 조금 아쉬울 수도. 시부야 한복판이지만 객실 내부는 꽤 조용하다.

도쿄 시부야구 우다가와초 3-7東京都渋谷区宇田川町3丁目7
hotelkoe.com

1층 로비에는 외부인들도 이용 가능한 베이커리와 카페가 있다. 빵 뷔페에 더해 몇 가지 메뉴와 음료 등을 판매한다. 조용하지만은 않은데 소란스럽지도 않은, 햇살이 잘 드는 기분 좋은 공간. 무얼 먹어도 맛있을 만한 분위기에 실제로 맛도 훌륭하다.

창가를 바라보며 혼자 앉아 있는 사람을 보면
왠지 묘한 동질감을 느낀다.
저 사람은 오늘 하루를 어떻게 시작했을까,
지금 무슨 생각을 하고 있을까.

열 번째. 나만의 여행지 호텔 즐기기

와 이 어 드 호 텔 아 사 쿠 사
Wired Hotel Asakusa

아사쿠사라는 오래된 동네와는 다소 안 어울린다고 느낄 수 있는 스타일리시한 호텔. '로컬 커뮤니티 호텔'을 표방하는 곳으로, 아사쿠사의 동네 사람들, 지역의 장인들과 협업하는 것을 강점으로 삼는다. 호텔 내에 객실과 도미토리 공간을 따로 두어, 부담 없는 가격으로 호텔의 인프라를 즐길 수 있다. 호텔 근처 1마일 내에 있는 가게들 중에서 추천할 만한 곳을 골라 소개하는 '1마일 가이드 맵'을 제공하므로, 그 가이드에 따라 여행해보는 것도 이 호텔을 즐기는 방법이다.

도쿄 다이토구 아사쿠사 2-16-2東京都台東区浅草2丁目-16-2
wiredhotel.com

트 렁 크 호 텔
Trunk Hotel

시부야의 모던한 부티크 호텔로 '소셜라이징'이 컨셉이다. 트렁크 라운지, 스테이, 키친, 스토어 등 다양한 공간을 통해 사람들의 교류를 꾀하는 4성급 호텔로, 여행자뿐 아니라 비즈니스맨이나 인근 주민과 아티스트들이 모이는 곳이라고. 호텔에 묵지 않더라도 라운지의 바와 카페를 꼭 경험해보길 권한다. 시부야의 번잡함과 약간 거리가 있지만 조금만 걸어 나가면 쇼핑과 맛집을 즐기기 편하다. 투숙객에게는 폐자전거 소품으로 만든 자전거를 대여해준다. 객실 가격은 조금 비싸지만, 꽤 지역친화적인 호텔.

도쿄 시부야구 진구마에 5-31東京都渋谷区神宮前5丁目31
trunk-hotel.com

츠타야 북 아파트먼트
Tsutaya Book Apartment

TSUTAYA BOOK APARTMENT
BOOK & COMMON LIVING

츠타야서점에서 '놀고 일하고 쉬는' 공간을 표방하며 만든 북 아파트먼트. 북카페와 코워킹스페이스, 쉬거나 잘 수 있는 개인공간과 공용공간 등으로 나뉜다. 코워킹을 제외한 공간은 다시 여성전용과 남녀공용으로 나뉘며 비용은 1시간, 6시간, 12시간 단위로 지불하게 되어 있다. 여성전용의 경우 샤워실과 쉴 수 있는 공간이 꽤 충실한 편이다. 책을 읽으러 가는 사람들도 많겠지만 도심에서 몇 시간 정도 피로를 풀기에도 꽤 훌륭하다. 신주쿠라는 번화가에 위치한 것도 큰 장점이며 책을 구입할 수도 있다.

도쿄 신주쿠구 신주쿠3-26-14 신주쿠 미니엄빌딩 4-6층東京都新宿区新宿3丁目26-14 新宿ミニムビル I 4-6F

tsutaya.tsite.jp

북 앤 베 드 도쿄
Book&Bed Tokyo

'잠잘 수 있는 서점'이라는 슬로건으로 운영되는, 책을 매개로 한 호스텔. 책장 한가운데서 잘 수 있는 'BOOKSHELF'라는 공간과 좀 더 책에 집중할 수 있는 공간 'BUNK'로 나뉜다. 책을 주인공으로 삼은 호스텔로 꼭 숙박이 아니어도 낮에 요금을 내고 체험할 수 있다. 크지는 않지만 샤워실 등의 편의시설은 일반 호스텔과 크게 다르지 않다. 예약은 홈페이지를 통

해 할 수 있으며, 기억해둬야 할 점이 있다면 신용카드만 사용 가능하다는 것. 도쿄에서는 이케부쿠로점을 시작으로 신주쿠, 아사쿠사에 지점을 냈으며 교토와 후쿠오카, 오사카에도 지점이 있다.

도쿄 도시마구 니시이케부쿠로 1-17-1 르미에르 빌딩 7층東京都豊島区西池袋1丁目17-7 ルミエールビル 7階

bookandbedtokyo.com

세계 각국에서 사 모은 빈티지 소품을 파는 가게,
중고물품들을 진열하고 파는 가게,
옷가게인지 아파트인지 모를 패션 숍,
직접 만든 가구를 파는 가게, 포스터만 파는 가게,
여행과 관련된 문구를 파는 가게,
도쿄에는 맛집 말고도 들를 곳이 너무 많다.
시간 가는 줄 모르고 구경하다 먹는 걸 잊어버릴 만큼.

열한 번째, 맛집 가다 만난 풍경

골목을 따라,
간판을 따라
걷다 보면

SAI VINTAGE & SELECTION

오래된 물건만큼 흥미진진한 게 또 있을까?
여행지에서는 유독 남이 쓰던 물건에 눈길이 머문다. 왜일까?

긴자식스 6층의 츠타야.
분명 서점인데 흥미진진한 영화를 상영하는 곳처럼 느껴진다.

나카메구로 부근에서 점심을 먹고 역으로 가는 길에 들른 트래블러스 팩토리. 여행과 관련된 잡화 및 문구를 파는 곳으로, 여행을 좋아하는 사람은 물론 문구 덕후라면 더더욱 지나칠 수 없는 곳이다. 여행을 하다 보면 그날 하루 혹은 순간들을 글로든 그림으로든 기록하고 싶어지는데, 이곳에 들어서는 순간 그러한 마음은 한층 강렬해진다.

트래블러스 팩토리는 도쿄에 지점이 3곳 있는데, 제품을 찬찬히 여유 있게 살펴보고 싶다면 2층 단독건물인 나카메구로 지점을 추천한다. 1층에서 물건을 구입한 후 2층 카페로 올라가 그날 느낀 감흥을 써보는 것도 이곳을 제대로 즐기는 방법이다.

도쿄 메구로구 가미우에메구로 3-13-10東京都目黒区上目黒3丁目13-10
OPEN 08:00-20:00
DAY OFF 화요일

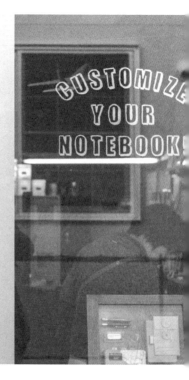

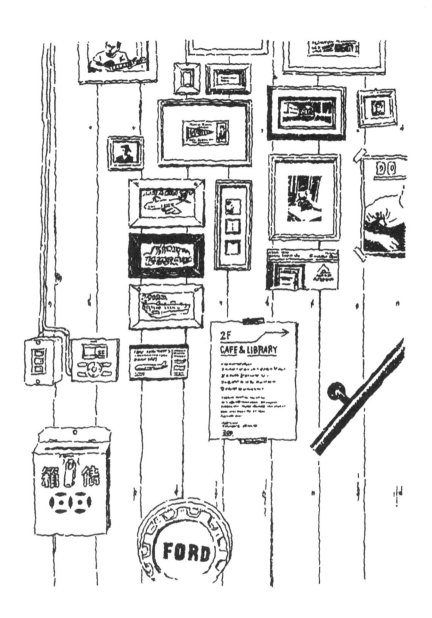

열한 번째. 맛집 가다 만난 풍경

도쿄사진미술관

東京都写真美術館

에비스에는 볼거리가 많은데 도쿄사진미술관도 그중 하나다. 지하 1층과
지상 2, 3층 사진관에서 전시를 관람하는 것도 좋고, 2층 뮤지엄 숍을 구경
하는 일도 재미있다. 둘러보다 보면 마음에 드는 사진가를 새롭게 알게 되
는 행운을 얻을 수 있다.

도쿄 메구로구 미타 1-13-3 에비스가든플레이스東京都目黒区三田1丁目13-3 恵比寿ガーデンプレイス内
OPEN 10:00-18:00(목, 금요일은 20:00까지)
DAY OFF 월요일

열한 번째, 맛집 가다 만난 풍경

여 . 행 . 에 . 대 . 하 . 여

여행에 대한 대화는 대부분 "이번엔 어디 다녀왔어?"라는 말로 시작된다. 당연히 그럴 수밖에 없겠지만, 거기 가서 무얼 봤고 무얼 느꼈는지에 대해 좀 더 많은 이야기를 하고 싶다. 혼자 하는 여행은 그래서 좋다. 마음과 시선이 더 가는 곳을 발길 닿는 대로 다니다 보면 내가 어떤 식으로 세상을 바라보는지도 알게 된다.

열한 번째, 맛집 가다 만난 풍경

**닌
교
초** 人
形
町

전통을 지키는 미식의 거리. 가부키와 인형극이 인기를 끌었다고 해서 닌교 초라는 지명을 갖게 된 곳. 매일 정각이면 대형 시계탑에서 꼭두각시 인형 들이 나와 약 2분 동안 춤을 춘다.

도쿄 주오구 니혼바시닌교초東京都中央区日本橋人形町

열한 번째, 맛집 가다 만난 풍경

야나카긴자 상점가 근처에 있는 카페. 동네 분위기와 어울리는 곳이라 생각했는데 이 지역에서 유명한 카페 하시고의 자매점이었다. 일본 가정식과 커피, 스콘 세트 등 내부 인테리어와 어울리는 정갈한 음식을 판매한다.

도쿄 다이토구 야나카 3-12-4東京都台東区谷中3丁目12-4
OPEN 11:30-22:00

타
요
리 TAYORI

열한 번째, 맛집 가다 만난 풍경

TOKYO TOWER

NAKAMEGURO

ROIPPONGI

KAMINARIMON
ASAKUSA

GINZA
MAIN STREET

① 여행자의 맛집

돈가츠 돈키とんかつ とんき
도쿄 메구로구 시모메구로 1-1-2東京都目黒区下目黒1丁目1-2
OPEN 16:00-22:45
DAY OFF 화요일

아후리 에비스AFURI恵比寿
도쿄 시부야구 에비스 1-1-7 117빌딩東京都渋谷区恵比寿1丁目1-7 117ビル1F
OPEN 11:00-5:00(지점마다 영업시간이 다르니 확인해볼 것)

마이센まいせん
돈가츠 마이센 아오야마 본점とんかつまい泉 青山本店
도쿄 시부야구 진구마에 4-8-5東京都渋谷区神宮前4丁目8-5
OPEN 11:00-22:00

이마리いまり
이마리 도쿄 본점
도쿄 시부야구 에비스 4-27-8東京都渋谷区恵比寿4丁目27-8
OPEN 18:00-01:00(주말은 17:00부터)

칸다마츠야神田 まつや
도쿄 치요다구 칸다스다초 1-13東京都千代田区神田須田町1丁目13
OPEN 11:00-20:00(토요일과 공휴일은 19:00까지)
DAY OFF 일요일

킷사유喫茶you
도쿄 주오구 긴자 4-13-17 다카노 빌딩東京都中央区銀座4丁目13-17 高野ビル
OPEN 11:00-21:00

② 활기찬 핫플레이스 탐험

도쿄 미드타운 히비야東京ミッドタウン日比谷
도쿄 치요다구 유라쿠초 1-1-2東京都千代田区有楽町1丁目1-2

산분立呑
도쿄 미드타운 히비야 3층
OPEN 15:00-23:00(주말은 12:00부터)

부베트Buvette
도쿄 미드타운 히비야 1층
OPEN 08:00-23:30(주말은 09:00부터)

히비야 센트럴 마켓HIBIYA CENTRAL MARKET
도쿄 미드타운 히비야 3층
OPEN 11:00-21:00(식사공간은 23:00까지)

시부야 스트림 Shibuya Stream
도쿄 시부야구 시부야 3-21-3東京都渋谷区渋谷3丁目21-3
OPEN 11:00-01:00(토요일은 21:00까지)

시부야 dd식당d47 食堂
도쿄 시부야구 2-21-1 히카리에 8층東京都渋谷区渋谷2丁目21-1-8F ヒカリエ
OPEN 11:30-22:30

긴자대식당銀座大食堂 Ginza Grand
도쿄 주오구 긴자 6-10-1 긴자식스 6층東京都中央区銀座6丁目10-1 GINZA SIX 6F
OPEN 11:00-23:00

아이비플레이스IVYPLACE
도쿄 시부야구 사루가쿠초 16-15 다이칸야마 티사이트東京都渋谷区猿楽町16-15
OPEN 07:00-23:00

스카이트리東京スカイツリー
도쿄 스미다구 오시아게 1-1-2東京都墨田区押上1丁目1-2
OPEN 08:00-2200

③장 주인공이 있는 맛집

토리츠바키鳥椿
도쿄 다이토구 네기시 1-1-15東京都台東区根岸1丁目1-15
OPEN 10:00-22:00
DAY OFF 월요일

아마미도코로 하츠네甘味処 初音
도쿄 주오구 니혼바시 닌교초 1-15-6東京都中央区日本橋人形町1丁目15-6
OPEN 11:00-20:00(일요일은 18:00까지)

와구리야和栗や, Waguriya
도쿄 다이토구 야나카 3-9-14, 야나카긴자 상점가東京都台東区谷中3丁目9-14, 谷中銀座商店街内
OPEN 11:00-18:00

약선수프카레 샤니아 Yakuzen Soup Curry SHANIA
도쿄 메구로구 미타 1-5-5東京都目黒区三田1丁目5-5
OPEN 11:00-15:30 / 18:00-22:00
DAY OFF 일, 월요일

카페덴喫茶デン
도쿄 다이토구 네기시 3-3-18, 메종 네기시우구이스다니東京都台東区根岸3丁目3-18 メゾン根岸鷲谷
OPEN 09:00-19:00

코오리야피스氷屋ぴいす
도쿄 무사시노시 기치조지 미나미초 1-0-9 기치조지 지조빌딩東京都武蔵野市吉祥寺南町1丁目9-9 吉祥寺じぞうビル
OPEN 09:00-17:00

카야시마カヤシマ
도쿄 무사시노시 기치조지 혼초 1-10-9東京都武蔵野市吉祥寺本町1丁目10-9
OPEN 11:00-24:00

사토우黒毛和牛専門店さとう
도쿄 무사시노시 기치조지 혼초 1-1-8東京都武蔵野市吉祥寺本町1丁目1-8
OPEN 10:00-17:00

(4장) **미술관 속 맛집**

도쿄도 정원 미술관 Tokyo Metropolitan Teien Art Museum
도쿄 미나토구 시로카네다이 5-21-9東京都港 区白金台5丁目21-9
OPEN 10:00-18:00
DAY OFF 매월 둘째주와 넷째주 수요일(공휴일은 개관하고 다음 날 휴관), 연말연시

뒤 파르크 Du Parc 레스토랑
OPEN 11:00-22:00
오후 2시부터 5시까지는 카페로 운영된다.
DAY OFF 매월 둘째, 넷째주 수요일
홈페이지에서 온라인 예약을 할 수 있다.
www.museum-cafe-restaurant.com/duparc

네즈미술관根津美術館
도쿄 미나토구 미나미아오야마 6-5-1東京都港区南青山6丁目5-1
OPEN 10:00-17:00
DAY OFF 화요일

모리미술관森美術館
도쿄 미나토구 롯폰기 6-10-1 롯폰기힐즈 모리타워 53층東京都港区六本木6丁目10-1 六本木ヒルズ森タワー53階
OPEN 10:00-22:00(화요일은 17:00시까지)

카페 더 선
OPEN 11:00-22:00(롯폰기힐즈 모리타워 52층 혹은 53층 입장권을 지참해야 입장 가능)

레스토랑 더 문
Lunch 11:30-15:30 / Dinner 18:00-23:00

하라 뮤지엄原美術館
도쿄 시나가와구 기타시나가와 4-7-25東京都品川区北品川4丁目7-25
OPEN 11:00-17:00
DAY OFF 화요일

(5장) **긴자와 디저트 그리고 사람들**

긴자 기무라야 본점銀座木村家
도쿄 주오구 긴자 4-5-7東京都中央区銀座4丁目5-7
OPEN 10:00-21:00

긴자 마네켄銀座マネケン
도쿄 주오구 긴자 5-7-19 다이이치세이메이 빌딩 1층東京都中銀座5-7-19 第一生命銀座フォ
リービル 1階
OPEN 11:00-22:00

센트레 더 베이커리セントル ザ・ベーカリー
도쿄 주오구 긴자 1-2-1東京都中央区銀座1丁目2-1 東京高速道路紺屋ビル
OPEN 10:00-19:00

카페 드 미유키칸みゆきかん
도쿄 주오구 긴자 6-5東京都中央区銀座6丁目5
OPEN 9:00-23:30(주말은 10:00부터)

긴자 센비키야 본점銀座千疋屋 本店
도쿄 주오구 긴자 5-5-1東京都中央区銀座5丁目5-1
OPEN 10:00-20:00(일요일은 11:00-18:00)

키르훼봉 그랑메종 긴자점キルフェボン グランメゾン銀座店
도쿄 주오구 긴자 2-5-4 지하 1층東京都中央区銀座2丁目5-4 ファサード銀座1F/B1F
OPEN 11:00-21:00

이데미스기노イデミ・スギノ, Hidemi sugino
도쿄 주오구 교바시 3-6-17東京都中央区京橋3丁目6-17
OPEN 11:00-19:00
DAY OFF 일, 월요일

라뒤레 살롱드테ラデュレ 銀座店
도쿄 긴자 주오구 4-6 미쓰코시 백화점 2층東京都中央区銀座4丁目6三越銀座店 2F
OPEN 10:30-22:00

 6장 처음 가본 그 동네, 그 가게

야키돈사카바 카네쇼焼とん酒場かね将
도쿄 시나가와구 고탄다 2-6-1東京都品川区西五反田2丁目6-1
OPEN 16:30-23:30

유우짱ゆうちゃん
도쿄 고토구 몬젠나카초 2-9-4東京都江東区門前仲町2丁目9-4
OPEN 18:00-24:00

사진집식당 메구타마Photo Book Dining Megutama
도쿄 시부야구 히가시 3-2-7東京都渋谷区東3丁目2-7
OPEN 11:30-22:00(주말은 12:00-21:00)
DAY OFF 월요일

7장 혼자라서 더 좋은 카페투어

리틀냅커피스탠드Little Nap COFFEE STAND
도쿄 시부야구 요요기 5-65-4東京都渋谷区代々木5丁目65-4
OPEN 09:00-19:00
DAY OFF 월요일

야호 커피 앳 플레인 피플Jaho coffee-at plain people
도쿄 메구로구 아오바다이 1-16-10東京都目黒区青葉台1丁目16-10
OPEN 10:00-18:00

패스Path cafe
도쿄 시부야구 토미가야 1-44 A FLAT東京都渋谷区富ヶ谷1丁目44 A-FLAT
OPEN 08:00-14:00 / 18:00-23:00
DAY OFF 월요일

패들러스 커피Paddlers Coffee
도쿄 시부야구 니시하라 1-26-5東京都渋谷区西原2丁目26-5
OPEN 07:30-18:00
DAY OFF 월요일

사루타히코 커피 에비스 본점猿田彦珈琲 恵比寿本店
도쿄 시부야구 에비스 1-6-6東京都渋谷区恵比寿1丁目6-6
OPEN 08:00-00:30(주말은 10:00부터)

365일365日
도쿄 시부야구 토미가야 1-6-12東京都渋谷区富ヶ谷1丁目6-12
OPEN 07:00-19:00

(8장) 젠 스타일 도쿄투어

사쿠라이 티 연구소櫻井焙茶研究所
도쿄 미나토구 미나미아오야마 5-6-23 스파이럴 빌딩 5층東京都港区南青山5丁目6-23
スパイラルビル5F
OPEN 11:00-23:00(주말은 20:00까지)

야쿠모사료八雲茶寮
도쿄 메구로구 야쿠모 3-4-7東京都目黒区八雲3丁目4-7
OPEN 09:00-17:00
DAY OFF 월요일

히가시야마東山
도쿄 메구로구 히가시야마 1-21-25東京都目黒区東山1丁目21-25
OPEN 11:30-15:00/18:00-24:00
DAY OFF 일요일

토라야とらや
도쿄 미나토구 아카사카 9-7-4 미드타운 지하 1층東京都港区赤坂9丁目7-4 D-B117 東京ミ
ッドタウン地下1階
OPEN 11:00-21:00

샤샤카네타나카茶酒 金田中
도쿄 미나토구 키타아오야마 3-6-1 오크오모테산도 2층東京都港区北青山3丁目6-1 オーク
表参道 2F
OPEN 11:30-20:30(런치 11:00-14:00)

히가시야긴자ヒガシヤギンザ
도쿄 주오구 긴자1-7-7 폴라긴자빌딩 2층東京都中央区銀座1丁目7-7 ポーラ銀座ビル2F
OPEN 11:00-19:00

고소안古桑庵
도쿄 메구로구 지유가오카 1-24-23東京都目黒区自由が丘1丁目24-23
OPEN 11:00-18:30

⑨장 시간을 머금은 카페

차테이 하토우茶亭 羽當
도쿄 시부야구 시부야 1-15-19東京都渋谷区渋谷1丁目15-19
OPEN 11:00-23:30

카페 듀カフェ・デュー
도쿄 시나가와구 가미오사키 2-15-14 다카키빌딩 1층東京都品川区上大崎2丁目15-14 高木
ビル1F
OPEN 09:00-21:00
DAY OFF 일요일

가야바 커피カヤバ コーヒ
도쿄 다이토구 야나카 6-1-29東京都台東区谷中6丁目1-29
OPEN 08:00-18:00

카페 파울리스타カフェーパウリスタ
도쿄 주오구 긴자 8-9-16東京都中央区銀座8丁目9-16 長崎センタービル
OPEN 08:30-21:30

트리콜로레トリコロール 本店
도쿄 주오구 긴자 5-9-17東京都中央区銀座5丁目9-17
OPEN 08 30-20:30

다프니ダフニ
도쿄 미나토구 시바 5-10-11東京都港区芝5丁目10-11
OPEN 10:00-19:00

카페 드 람브르カフェ・ド・ランブル
도쿄 주오구 8-10-15東京都中央区銀座8丁目10-15
OPEN 12:00-21:30(일요일은 18:30까지)
DAY OFF 화요일

---

⑩장 나만의 여행지 호텔 즐기기

호텔 코에 Hotel Koe Tokyo
도쿄 시부야구 우다가와초 3-7東京都渋谷区宇田川町3丁目7
hotelkoe.com

와이어드 호텔 아사쿠사 Wired Hotel Asakusa
도쿄 다이토구 아사쿠사 2-16-2東京都台東区浅草2丁目16-2
wiredhotel.com

트렁크 호텔 Trunk Hotel
도쿄 시부야구 진구마에 5-31 東京都渋谷区神宮前5丁目31
trunk-hotel.com

츠타야 북 아파트먼트 Tsutaya Book Apartment
도쿄 신주쿠구 신주쿠3-26-14 신주쿠 미니엄빌딩 4-6층 東京都新宿区新宿3丁目26-14 新宿ミニムビル | 4-6F
tsutaya.tsite.jp

북앤베드 도쿄 Book & Bed Tokyo
도쿄 도시마구 니시이케부쿠로 1-17-1 르미에르 빌딩 7층 東京都豊島区西池袋1丁目17-7 ル ミエールビル 7階
bookandbedtokyo.com

⑪장 맛집 가다 만난 풍경

트래블러스 팩토리 トラベラーズファクトリー
도쿄 메구로구 가미우에메구로 3-13-10 東京都目黒区上目黒3丁目13-10
OPEN 08:00-20:00
DAY OFF 화요일

도쿄사진미술관 東京都写真美術館
도쿄 메구로구 미타 1-13-3 에비스가든플레이스 東京都目黒区三田1丁目13-3 恵比寿ガーデン プレイス内
OPEN 10:00-18:00(목, 금요일은 20:00까지)
DAY OFF 월요일

닌교초 人形町
도쿄 주오구 니혼바시닌교초 東京都中央区日本橋人形町

타요리 TAYORI
도쿄 다이토구 야나카 3-12-4 東京都台東区谷中3丁目12-4
OPEN 11:30-22:00

동경식당

맛있는 풍경 속 나홀로 도쿄 여행

초판 1쇄 발행 2019년 4월 23일
초판 2쇄 발행 2023년 1월 20일

지은이 설동주 | 펴낸곳 비컷 | 펴낸이 김은경
주소 서울시 성동구 성수이로20길 3 세종빌딩 602호
대표전화 02-6463-7000 | 팩스 02-6499-1706
출판등록 2018년 7월 13일 제2018-000222호
ⓒ 설동주
(저작권자와 맺은 특약에 따라 검인을 생략합니다)
ISBN 979-11-87289-53-1 13980
비컷은 (주)북스톤의 임프린트입니다.

이 책의 본문에는 김일도 님의 사진이 일부 사용되었습니다.
소중한 장면을 공유해주신 데 감사드립니다.

비컷은 내 삶을 내 방식대로 디자인하고 주도해가는 사람들의 이야기를 전합니다.
타인의 기준이나 세상의 잣대가 A컷이라면, B컷은 내가 진짜 좋아하는, 끝까지 끌어안고 싶은 것입니다.
비컷을 통해 나의 삶, 나의 이야기를 독자들과 나누고 싶으신 분들을 기다립니다.